Florian Bühs

Entwicklung eines Laparoskops mit flexibler Spitze

Florian Bühs

Entwicklung eines Laparoskops mit flexibler Spitze

für die minimal-invasive Chirurgie

Südwestdeutscher Verlag für Hochschulschriften

Impressum/Imprint (nur für Deutschland/only for Germany)
Bibliografische Information der Deutschen Nationalbibliothek: Die Deutsche Nationalbibliothek verzeichnet diese Publikation in der Deutschen Nationalbibliografie; detaillierte bibliografische Daten sind im Internet über http://dnb.d-nb.de abrufbar.
Alle in diesem Buch genannten Marken und Produktnamen unterliegen warenzeichen-, marken- oder patentrechtlichem Schutz bzw. sind Warenzeichen oder eingetragene Warenzeichen der jeweiligen Inhaber. Die Wiedergabe von Marken, Produktnamen, Gebrauchsnamen, Handelsnamen, Warenbezeichnungen u.s.w. in diesem Werk berechtigt auch ohne besondere Kennzeichnung nicht zu der Annahme, dass solche Namen im Sinne der Warenzeichen- und Markenschutzgesetzgebung als frei zu betrachten wären und daher von jedermann benutzt werden dürften.

Verlag: Südwestdeutscher Verlag für Hochschulschriften GmbH & Co. KG
Dudweiler Landstr. 99, 66123 Saarbrücken, Deutschland
Telefon +49 681 37 20 271-1, Telefax +49 681 37 20 271-0
Email: info@svh-verlag.de

Zugl.: Berlin, TU, Diss., 2011

Herstellung in Deutschland:
Schaltungsdienst Lange o.H.G., Berlin
Books on Demand GmbH, Norderstedt
Reha GmbH, Saarbrücken
Amazon Distribution GmbH, Leipzig
ISBN: 978-3-8381-2918-1

Imprint (only for USA, GB)
Bibliographic information published by the Deutsche Nationalbibliothek: The Deutsche Nationalbibliothek lists this publication in the Deutsche Nationalbibliografie; detailed bibliographic data are available in the Internet at http://dnb.d-nb.de.
Any brand names and product names mentioned in this book are subject to trademark, brand or patent protection and are trademarks or registered trademarks of their respective holders. The use of brand names, product names, common names, trade names, product descriptions etc. even without a particular marking in this works is in no way to be construed to mean that such names may be regarded as unrestricted in respect of trademark and brand protection legislation and could thus be used by anyone.

Publisher: Südwestdeutscher Verlag für Hochschulschriften GmbH & Co. KG
Dudweiler Landstr. 99, 66123 Saarbrücken, Germany
Phone +49 681 37 20 271-1, Fax +49 681 37 20 271-0
Email: info@svh-verlag.de

Printed in the U.S.A.
Printed in the U.K. by (see last page)
ISBN: 978-3-8381-2918-1

Copyright © 2011 by the author and Südwestdeutscher Verlag für Hochschulschriften GmbH & Co. KG and licensors
All rights reserved. Saarbrücken 2011

- für Aaron -

Vorwort

Die vorliegende Dissertation entstand während meiner Tätigkeit als wissenschaftlicher Mitarbeiter am Fachgebiet Mikrotechnik des Instituts für Konstruktion, Mikro- und Medizintechnik der Technischen Universität Berlin.

Herrn Professor Dr. rer. nat Heinz Lehr möchte ich nicht nur für die großartige, fortwährende Unterstützung und Betreuung meiner Arbeit sowie die kritische Durchsicht des Manuskripts danken, sondern auch für die interessanten Gespräche abseits des Fachlichen und das äußerst angenehme Arbeitsklima. Frau Helena Lehr gilt mein Dank für die ausführlichen Korrekturen des Manuskripts und vor allem für ihren unermüdlichen Einsatz in allen Bereichen des Institutsalltags.

Der feinmechanischen Werkstatt des Fachgebiets Mikrotechnik danke ich für die präzise Fertigung von Komponenten, insbesondere dem Werkstattmeister, Herrn Detlef Schnee für seine Geduld und seine fachliche Unterstützung.

Weiterhin möchte ich mich bei allen Mitarbeitern des Instituts für die permanente Hilfsbereitschaft und Unterstützung bei Fragen aller Art bedanken.

Mein ganzer Dank gilt meiner Familie, meinen Brüdern, meinen Eltern für die Ermöglichung und Unterstützung meines Studiums und insbesondere Julia ohne die ich niemals! soweit gekommen wäre.

Inhaltsverzeichnis

1	**Einleitung**	**3**
1.1	Stand der Technik	6
1.2	Kinematische Führung	11
2	**Manipulatoren für die flexible Endoskopspitze**	**14**
2.1	Funktionsbeschreibung des Manipulators	15
2.2	Analyse der Kinematik	18
2.2.1	Diskussion der Parameter für die Gelenkführungsvarianten	20
2.2.2	Analytische Auslegung der Gelenkführung in einer Ebene	22
2.2.3	Modellrechnungen, Vergleich mit analytischem Ansatz	29
3	**Entwicklung der Gelenkverbindungen**	**32**
3.1	Beschreibung der entwickelten Gelenke und deren Fertigung	35
3.1.1	Formschlüssige Gelenke	36
3.1.2	Stoffschlüssige Gelenke	40
3.2	Experimentelle Untersuchung der entwickelten Gelenkarten	46
3.2.1	Einachsige Zugbelastbarkeit	47
3.2.2	Aufzubringende Kräfte an den Schub- / Zugstangen	52
3.2.3	Gelenkverschleiß bei Dauerbelastung	54
3.2.4	Grenzlastuntersuchungen	56
3.3	Abdeckung der Gelenkführungen	57
4	**Antriebe zum Verstellen der Endoskopspitze**	**59**
4.1	Antriebsarten	59
4.1.1	Piezoelektrische Aktoren	59
4.1.2	Pneumatische Antriebe	61
4.1.3	Hydraulische Antriebe	61
4.1.4	Elektromagnetische Linearantriebe	61
4.1.5	Spindelantriebe	64
4.1.6	Auslegung der Spindelantriebe	64
5	**Aufbau verschiedener Funktionsmuster**	**68**
5.1	Lichtquellen für die minimal-invasive Chirurgie	68
5.1.1	Messungen der Ermüdungserscheinungen von Lichtleitern	70
5.2	Erstes Funktionsmuster	72
5.3	Motorisiertes Funktionsmuster mit Ansteuerung	73
5.4	Vollintegrierter Aufbau mit Videomodul	74
5.5	Aufbau mit externer Ansteuerung	78
5.5.1	Messtechnische Charakterisierung	80
6	**Neuartige Haltevorrichtung für Endoskope**	**87**
7	**Entwicklung eines fokussierbaren Videomoduls**	**90**
7.1	Optisches System	90
7.2	Linearmotor zur Linsenverstellung	93
7.2.1	Antriebskonzept	94
7.2.2	Antriebseigenschaften	96
7.2.3	Gleitverhalten von Oberflächenbeschichtungen	101
8	**Zusammenfassung und Ausblick**	**105**

9	**Anhang**	**107**
9.1	Analytische Berechnung weiterer Gelenkkonfigurationen	107
9.1.1	Berechnung der Konfiguration A	107
9.1.2	Berechnung der Konfiguration B	110
9.2	Berechnung des Linearmotors	112
10	**Symbole**	**114**
11	**Literaturverzeichnis**	**116**

1 Einleitung

Anfang des 21. Jahunderts strebt die Chirurgie eine deutliche Verkleinerung des Eingriffsraums an, damit die Operationen für die Patienten schonender verlaufen. Eine zentrale Rolle spielt dabei die Weiterentwicklung der Endoskopie. Diese Schlüsseltechnologie für die minimal-invasive Chirurgie ermöglicht die Diagnose und Therapie innerhalb von Körperhöhlen und Hohlorganen. Dabei wird ein Bild aus dem Operationsbereich durch ein starres oder flexibles Endoskop aus dem Körperinneren heraus übertragen [Feuß09]. Hohes Interesse seitens der Chirurgen sowie der Patientenwunsch nach winzigen Narben und möglichst kurzen Krankenhausaufenthaltszeiten führten zur schnellen Verbreitung der neuen Technik.

Die Bildübertragung durch das Endoskop erfolgt anhand von Glasfasern oder mit einem Linsensystem. Endoskope mit Glasfasern zur Bildübertragung lassen sich flexibel ausführen, erzielen jedoch immer eine geringere Bildauflösung als starre Linsensysteme, da die Bildauflösung durch den Durchmesser der einzelnen Fasern und deren Anzahl beschränkt ist. Für die Bildübertragung mit Linsensystem sind zwei gängige Ausführungen etabliert. Der am häufigsten eingesetzte Typ ist mit einem Stablinsensystem ausgestattet, welches das Bild von der distalen Endoskopspitze bis zum Okular am proximalen Ende führt. Dort wurde das Bild ursprünglich direkt betrachtet. Durch den verstärkten Einsatz von Videokameras zur Bildübertragung vom Okular auf einen Monitor kam es zu einem weiteren, enormen Anstieg des Einsatzes medizinischer Endoskope [GrLa00]. Die direkte Bildbetrachtung wurde inzwischen durch den Einsatz von hochauflösenden Videokameras am Endoskopausgang sowie die Bilddarstellung auf einem großflächigen Monitor abgelöst.

Neuere Entwicklungen der meisten Hersteller weisen ein sehr kurzes optisches System an der Spitze des Endoskops auf. Direkt hinter der Linsenanordnung ist ein Videochip platziert, der das aufgenommene Bild anschließend durch Datenkabel aus dem Endoskop führt. Die Geräte erreichen zurzeit noch nicht die Bildqualität der konventionellen Systeme. Sie sind jedoch deutlich weniger empfindlich für mechanische Belastungen, einfacher zu montieren und als Massenartikel günstiger herzustellen.

Zu den Vorteilen der minimal-invasiven Chirurgie für den Patienten zählen neben der schnelleren Genesung und den winzigen Narben die verminderten postoperativen Schmerzen und die geringere Wahrscheinlichkeit für Verwachsungen zwischen den Organen oder Geweben, die normalerweise nicht miteinander verbunden sind [Lacy95], [Chun99].

Die seit den 90er Jahren vorhergesagte Verdrängung herkömmlicher OP-Techniken durch die minimal-invasive Chirurgie hat bisher jedoch nur in einzelnen Bereichen, wie bei den Gallenblasen-Operationen stattgefunden.

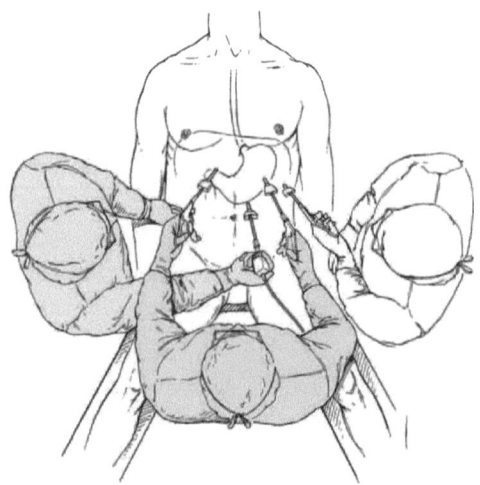

Abbildung 1-1 Arbeitspositionen bei einer minimal-invasiven Operation [Sope09]

Diese verzögerte Entwicklung ist wesentlich bedingt durch die von vielen Chirurgen als unangenehm empfundene Arbeitsumgebung (vgl. Abbildung 1-1). Der Arbeitsraum des Chirurgen (in der Abbildung grün) wird durch den gewöhnlich direkt neben oder hinter ihm stehenden Kameraassistenten stark eingeschränkt (in der Abbildung blau). Bei dieser Arbeitsaufteilung bereiten die Tremorbewegungen des Kameraassistenten und die indirekte Bildsteuerung zusätzliche Schwierigkeiten. Die notwendige Abstimmung zwischen dem Kameraassistenten und dem Chirurgen, entscheidend für eine effektive Bildsteuerung, ist erst nach einer Einarbeitungszeit gegeben. Gleichzeitig erschweren der begrenzte Blickwinkel von typischerweise 70° und die fehlende Hand-Augen-Korrelation die Arbeit des Operateurs erheblich [Cusc01]. Für eine mit dem menschlichen Sichtfeld vergleichbare Übersichtsdarstellung des gesamten Operationssitus ist eine weitläufige Bewegung des Endoskops erforderlich, jedoch gibt es bisher keine von Ärzten akzeptierten Instrumente, die dies ermöglichen. Daher kommt es kommt häufig zu einem Orientierungsverlust und zu Problemen beim Wiederfinden des ursprünglichen Sichtbereichs.

Die Forderungen nach Innovationen für die minimal-invasive Chirurgie zielen deswegen auf eine Verbesserung der Bildsteuerung und der Bildstabilität, auf die Vergrößerung des sichtbaren Bildbereichs und auf einen weniger eingeengten Arbeitsraum [Hirz09].

Es ist daher Ziel der vorliegenden Arbeit, die Bildsteuerung und Bildstabilität von Endoskopen zu optimieren, bei gleichzeitiger Vergrößerung des Sichtbereichs. Weiterhin soll die Bewegungsfreiheit des Operateurs deutlich verbessert werden. Hierzu wurde ein neuartiges Endoskop entwickelt, dessen Spitze sich mit einer Gelenkführung in allen Richtungen abknicken lässt (vgl. Abbildung 1-2). Die Entwicklung des Endoskops mit motorisierter Ansteuerung der flexiblen Spitze erfolgte zunächst anhand der Fertigung einfacher Funktionsmuster zur Entwicklung eines geeigneten kinematischen Aufbaus. Analytische Überlegungen führten dann zu weiteren Funktionsmustern, bei denen die Eignung verschiedener Gelenke sowie die motorisierte Bewegung der Endoskopspitze untersucht wurden. In der Endoskopspitze befindet sich eine Chip-on-the-Tip Kamera, die mit variablen optischen Eigenschaften (Fokussierung, Zoom) ausgestattet werden kann. Die Objektbeleuchtung lässt sich durch ein bewegliches Glasfaserbündel erzielen.

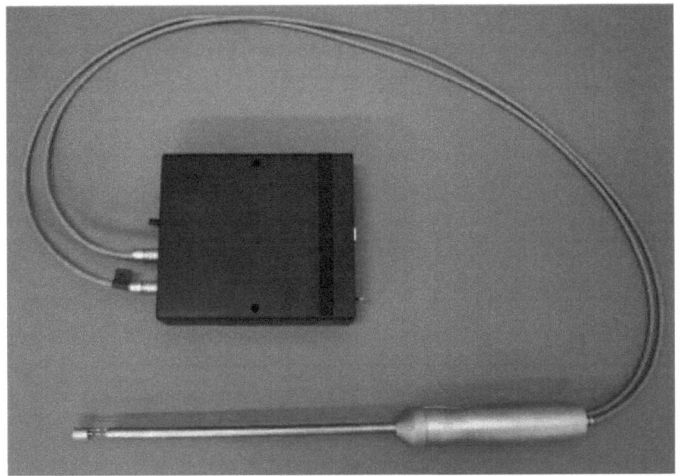

Abbildung 1-2 Endoskop mit beweglicher Spitze (unten), oben: Ansteuerungselektronik

Parallel zur Entwicklung des neuen Endoskops erfolgte am FG Mikrotechnik der Aufbau einer Deckenarm-Halterung, an deren patientenzugewandten Ende der Chirurg das Endoskop befestigt. Hierdurch ist kein Kameraassistent erforderlich. Dagegen erlaubt die Motorisierung der flexiblen Spitze des Endoskops in Kombination mit dem Haltesystem das automatisierte Anfahren von bestimmten Sichtbereichen, die Generierung einer Panoramaansicht aus nacheinander aufgezeichneten Einzelbildern und die Überlagerung von zusätzlichen Informationen im Videobild. Weiterhin lassen sich ungewollte Kollisionen der Endoskopspitze detektieren und eine Bewegung in vorher festgelegte, sensible Bereiche automatisch unterdrücken. Insbesondere wird durch die elektronische Ansteuerung erstmals eine direkte Kommunikation zwischen dem Chirurgen und dem Endoskop ermöglicht. Die Steuerung der Endoskopbewegung mit neuen Mensch-Maschine-Schnittstellen wie Sprachsteuerung, Eye- oder Headtracking lässt sich vom Arzt eindeutig einstellen, so dass diese nicht von jedem Assistenten neu erlernt werden muss.

Der erste Teil dieser Arbeit beschreibt die Entwicklung und Analyse der Gelenkführung, mit der sich die Endoskopspitze bewegen lässt. Dabei werden insbesondere die verschiedenen Gelenktypen und deren Ausarbeitung diskutiert. Die anschließende Untersuchung vergleicht und bewertet mögliche Antriebsvarianten für die Gelenkführung und die entsprechenden Ansteuerungen. Anhand verschiedener Funktionsmuster wird die iterative Optimierung des Gesamtaufbaus vorgestellt. In diesem Zusammenhang erfolgt die Auslegung eines auf die flexible Spitze angepassten optischen Systems. Da sich eine flexible Endoskopspitze nur mit geringer Länge sinnvoll einsetzen lässt (vgl. Abbildung 1-5), ist das optische System äußerst kurz aufgebaut. Es ermöglicht trotzdem das Verstellen des Tiefenschärfebereichs in zwei sich überlappenden Abstufungen für verschiedene Arbeitsabstände. Weiterhin wird der Ablauf der Entwicklung einem neuen Linearaktors für die erforderliche Linsenverstellung ausgeführt. Der Aktor zeichnet sich vor allem durch seinen extrem einfachen Aufbau und die leichte Montage aus.

Die abschließende Beschreibung erläutert die Entwicklung einer neuartigen, flexiblen Halterung für die Integration der aufgebauten Endoskope in den oben beschriebenen Deckenarm.

1.1 Stand der Technik

Für die Übertragung des Bilds aus dem Operationsbereich stehen dem Chirurgen heute verschiedene, starr oder flexibel ausgeführte Standardlösungen zur Verfügung. Die von beinahe allen Herstellern angebotenen starren Endoskope werden je nach Anwendungsfall mit Schaftdurchmessern zwischen 2 und 10 mm produziert. Die mittlere Schaftlänge beträgt in Europa 320 mm. Die in den USA erhältlichen Geräte sind in der Regel etwas länger ausgeführt.

Für die laparoskopische Chirurgie bei Erwachsenen haben sich inzwischen 10 mm-Endoskope etabliert. In jüngster Zeit werden diese jedoch wegen des geringeren Traumas immer mehr durch 5 mm-Endoskope abgelöst [Feuß09]. Diese starren Endoskope weisen immer eine feste Blickrichtung auf. Standard sind zurzeit 0°-Geradeausoptiken und Winkeloptiken mit beispielsweise 30°, 70° oder 90° Blickrichtung (vgl. Abbildung 1-3), wobei der dabei dargestellte Winkelbereich typischerweise 70° beträgt.

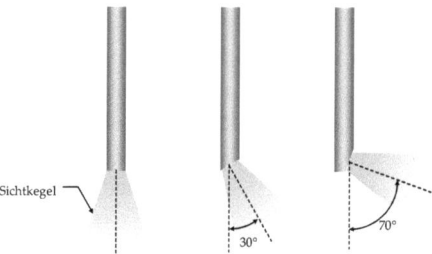

Abbildung 1-3 Fest eingestellte Blickwinkel bei Laparoskopen

Bisher muss der Chirurg vor dem Eingriff festlegen, welche Optik er für seinen Eingriff einsetzen möchte oder das Endoskop intraoperativ wechseln, um einen anderen Blickwinkel zu erhalten. Ein von der Firma Karl Storz Endoskope neu entwickeltes Laparoskop vermindert dieses Problem mit einer variabel einstellbaren Blickrichtung zwischen 0° und 120°. Die Änderung der Blickrichtung erfolgt dabei stufenlos von Hand (vgl. Abbildung 1-4).

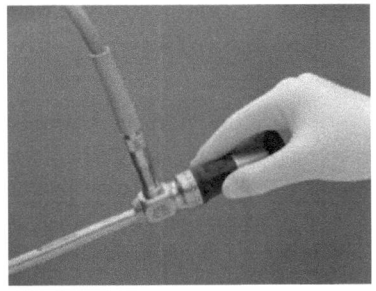 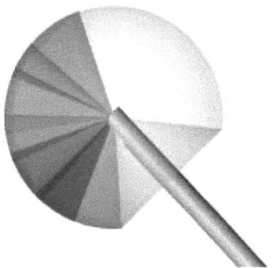

Abbildung 1-4   Endocameleon Handgriff und Visualisierung der Blickrichtungsänderung [Stor10]

Durch die Drehung einer am proximalen Teil des Endoskops integrierten Kupplung wird das Seitenblickprisma des Endoskops geschwenkt, so dass sich der Blickwinkel ändert.

Neben den starren Endoskopen gibt es eine Vielzahl von Lösungsvarianten für flexible Endoskope zur medizinischen Anwendung. Eine Auswertung der in den IPC-Klassen A61B 1/005 (biegsame Endoskope), A61B 1/008 (Gelenkverbindungen für biegsame Endoskope) und A61B 1/04 (... versehen mit Einrichtungen zum Fotografieren oder Fernsehen) angemeldeten Patente offenbart die unterschiedlichen Funktionsprinzipien, diese sind für die Laparoskopie jedoch nicht einsetzbar.

Die Mehrheit der Vorschläge beschreibt Endoskope, bei denen ein Teil oder sogar der gesamte Schaft flexibel in einer oder mehreren Achsen verstellt wird. Medizinischen Einsatz finden derartige Endoskope vor allem in der Gastroskopie, der Sigmoidoskopie und der Bronchoskopie. In diesen Bereichen hat ein einzelnes abwinkelbares Segment mit einem möglichst kleinen Biegeradius eine untergeordnete Bedeutung. Hier besteht die vorrangige Anforderung in der großen Flexibilität des gesamten Endoskopschafts.

Dagegen ist im Bereich der Laparoskopie eine möglichst kurze und flexible Endoskopspitze erforderlich. Der eingeschränkte Arbeitsraum, definiert durch das üblicherweise gasbefüllte Abdomen mit Abmaßen im Bereich von 300 mm in der Breite und 120 mm in der Höhe [Kili05] kann mit einem Endoskop umso komfortabler inspiziert werden, je kürzer und flexibler die Spitze des Endoskops ist. Wie die Abbildung 1-5 zeigt, wird die Betrachtung des ganzen Arbeitsfelds erst durch eine ausreichend kurze und flexible Endoskopspitze ermöglicht.

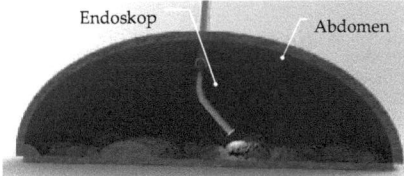 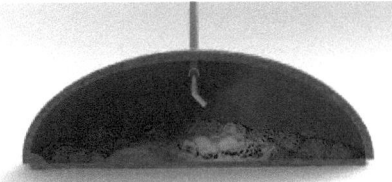

Abbildung 1-5   Darstellung des Sichtbereichs einer flexiblen Endoskopspitze mit der Länge von 75 mm gegenüber einer flexiblen Spitze mit der Länge von 24 mm

Eine zu lange Spitze (im Beispiel 75 mm) lässt sich kaum sinnvoll einsetzen. Das von der Firma Olympus im Jahr 2010 vorgestellte EndoEYE Laparoskop weist eine von Hand zu verstellende flexible Spitze auf (vgl. Abbildung 1-6).

Die Spitze des Geräts lässt sich durch vier Bowdenzüge in allen Richtungen abknicken, die bis zur Handsteuerung im Gerätegriff führen. Das laut Herstellerangaben autoklavierbare Gerät besteht aus einem starren Schaft mit 10 mm Außendurchmesser. Der flexible Teil am distalen Ende des Schafts hat eine Länge von etwa 50 mm. Daran angeschlossen ist wiederum ein starres Schaftstück mit einer Länge von 30 mm. In dieser Spitze sind der Videochip und die dazugehörige Optik untergebracht. Der bewegliche Teil des Endoskops ist also noch länger als in dem oben beschriebenen Beispiel und deswegen kaum einsetzbar.

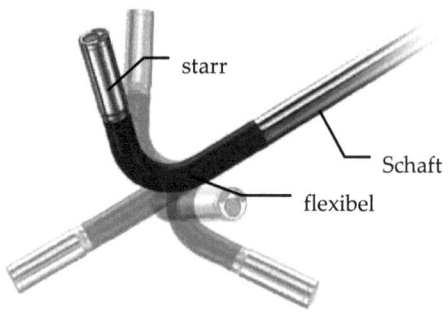

Abbildung 1-6   EndoEye von Olympus [Olym10]

Die Mehrzahl der untersuchten Patente beschreibt mechanische Lösungen, bei denen sich unterschiedlich ausgeführte Kettenglieder gegeneinander in kleinen Winkeln verstellen lassen. Je nach Anzahl, Geometrie und Dimension der einzelnen Glieder kann auf diese Art der gewünschte Biegegrad des Schafts eingestellt werden. Zum Verstellen des gesamten Systems oder einzelner Glieder werden gewöhnlich Seilzüge verwendet, die durch das Endoskop bis zu einer im Handgriff befindlichen Steuerung geführt werden. Typische Beispiele sind in der Abbildung 1-8 dargestellt.

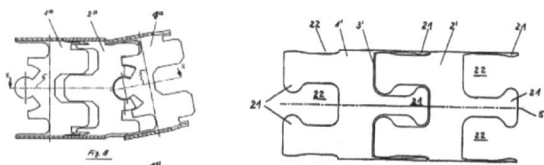

Abbildung 1-7   Kettenglieder für eine in einer Ebene ablenkbare Spitze, [Heim97], [Wolf98]

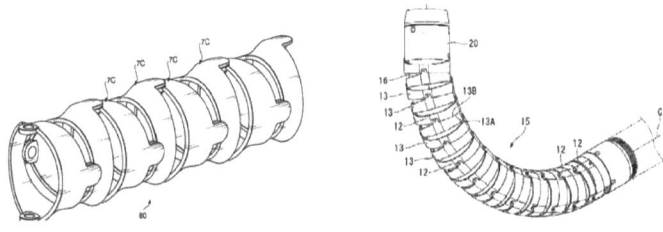

Abbildung 1-8 Im Raum verstellbare Spitze aus Kettengliedern [Hoso07], [Kend08]

Die beiden Erfindungen entsprechend der Abbildung 1-7 ermöglichen ein Abwinkeln des Endoskopschafts in einer Raumebene. Das Bewegungsprinzip ist bei diesen Lösungsvarianten ähnlich. Mehrere hintereinander aufgereihte Segmente lassen sich mittels Seilzügen verkippen. Je nach Geometrie der Segmente sowie deren Anzahl und Größe lassen sich dementsprechend unterschiedliche Biegewinkel realisieren. Für einen Rundum-Blick ist es allerdings nötig, den Schaft des Endoskops um seine Achse zu verdrehen. Dabei wird sich das mit der Kamera aufgenommene Bild synchron mitdrehen, aus der Sicht des Anwenders also unnatürlich verkippen. Der Chirurg verliert die Orientierung und zeigt nach längerer Nutzung Symptome wie bei einer Seekrankheit. Daher kamen schon frühzeitig Forderungen nach einem „konstanten Horizont" auf. Als Folge daraus wurden auch die vorgestellten Abknicklösungen nie für die Produktion von Laparoskopen übernommen. Der Bildtransport kann in beiden Fällen nicht mehr über Linsen im Schaft erfolgen. Eine hohe Auflösung des Bilds ist mit Glasfasern aufgrund der Segmentierung nicht zu erreichen. Es wird daher oftmals eine miniaturisierte Kamera in der Endoskopspitze untergebracht. Allerdings lässt sich auch hiermit keine Lösung mit konstantem Horizont erzielen.

Die Abbildung 1-8 zeigt ähnliche Lösungen. Wiederum werden verschiedene Segmente hintereinander aufgereiht und mit Seilzügen gegeneinander verkippt. Aufgrund der Geometrie der einzelnen Segmente ist deren Verkippung in zwei Raumebenen möglich. Die Kamera lässt sich in alle Richtungen lenken, ohne dabei das Bild der Kamera, wie bei den vorher aufgeführten Lösungen, zu verdrehen, so dass hiermit die Orientierung erhalten bleibt.

Die Bewegung erfolgt bei allen Lösungen mittels Seilzügen. Eine derartige Verstellung der Spitze weist jedoch den entscheidenden Nachteil auf, dass die Seilzüge schnell verschleißen. Einerseits kommt es durch die Zugbelastungen zu einer Längenänderung, andererseits führt die permanente Reibung zu Abnutzungserscheinungen bis hin zum Riss der Seilzüge [Hilg03]. Zudem steigt die aufzubringende Kraft an den Seilzügen mit der Länge des biegbaren Elements und der Auslenkung. Ein weiterer Nachteil ergibt sich durch den großen Biegeradius. Die effektive Länge der biegsamen Spitze verhindert daher den Blick in alle zu untersuchenden Bereiche.

Im Rahmen der Recherchen wurden unterschiedliche Lösungen gefunden, die einen flexiblen Endoskopschaft und dessen Herstellung beschreiben. Beispiele hierfür sind in den Abbildungen 1-9 und 1-10 dargestellt.

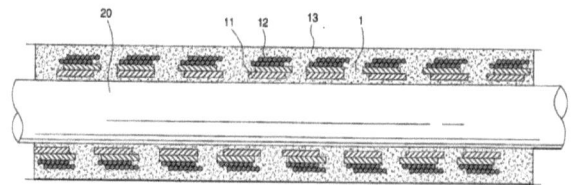

Abbildung 1-9 Schnittansicht eines flexiblen Schafts, bestehend aus mehreren Federelementen die auf einem Dorn in Elastomer eingegossen werden [Ohar06]

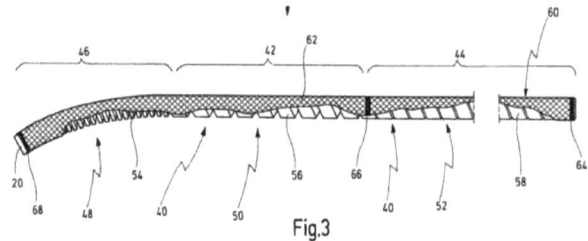

Abbildung 1-10 Schnittansicht eines flexiblen Schafts aus verschiedenen hintereinander angeordneten Federn, vergossen in einer Elastomerhülle [Wimm08]

Üblicherweise wird bei der Herstellung dieser Art von flexiblem Schaft eine Spiralfeder auf einen Dorn gezogen und mit einer oder mehreren Schichten aus einem flexiblen Polymermaterial überzogen.

In [Schl99] wird eine Möglichkeit vorgestellt, den Blickwinkel eines Endoskops zu ändern, ohne den Schaft zu biegen. Dabei ist am distalen Ende des Schafts ein spezieller Aufbau aus mehreren Prismen vor der eigentlichen Optik zur Bildübertragung platziert (vgl. Abbildung 1-11).

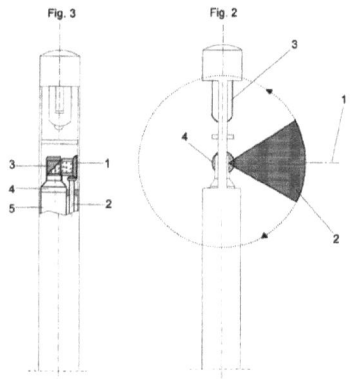

Abbildung 1-11 Patent DE 29907430 U1 [Schl99]

Eines der Prismen wird mittels Zahnradmechanik verstellt, so dass sich der Blickwinkel ändert. Neben der aufwändigen Mechanik benötigt der Aufbau eine spezielle Art der Beleuchtung der zu untersuchenden Region, da diese nicht mitbewegt wird.

Festzuhalten ist, dass die bisherigen Anstrengungen flexible Endoskopspitzen zu entwickeln, entscheidende Schwierigkeiten nicht beseitigen konnten. Hierzu zählen:

- Drehung des Endoskops um die Längsachse rotiert auch den Bildaufnehmer und erzeugt Taumeleffekt für den Arzt
- mechanische Knicklösungen lassen keine Beleuchtung der zu untersuchenden Areale in allen Raumrichtungen zu
- abknickbarer Schaft sowie Segmente und Kettenglieder kragen weit aus und lassen zu wenig Freiraum im Abdomen

Die im Folgenden beschriebene Neuentwicklung einer beweglichen Endoskopspitze weist keine dieser Probleme auf und eröffnet vielmehr neue Wege auch weiter Funktionen zu integrieren, um dem Chirurgen minimal-invasive Eingriffe zu erleichtern.

1.2 Kinematische Führung

Die im Rahmen dieser Arbeit entwickelte Führung erlaubt das flexible Bewegen einer Endoskopschaftsektion in zwei Raumrichtungen. Der griffseitige Schaftteil lässt sich dabei sowohl starr als auch flexibel gestalten.

Der Schaft besteht im einfachsten Fall aus zwei Segmenten (vgl. Abbildung 1-12), nämlich einem hinteren und ein vorderem Segment. Zwischen den beiden Segmenten sind zwei (blau) bewegliche und ein starres Verbindungselemente (grün) eingesetzt. Diese Elemente weisen jeweils ein Gelenk (rot) an der Verbindungsstelle zum vorderen Segment auf.

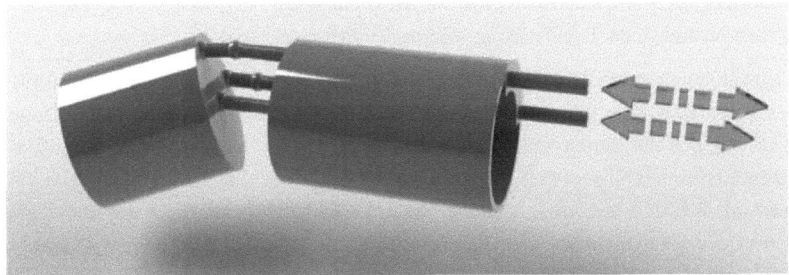

Abbildung 1-12   Vereinfachter Aufbau der Gelenkführung

Die Gelenke erlauben ein Kippen in zwei Richtungen, jedoch keine Rotation um die eigene Achse. Die beiden beweglichen Verbindungselemente sind als Schub- / Zugstangen ausgeführt und lassen sich innerhalb des hinteren Segments verschieben. Sie sind jeweils mit einem zusätzlichen Gelenk ausgestattet. Das dritte Verbindungselement ist im hinteren Segment fixiert. Durch eine lineare Verschiebung von einer oder beiden Schub- / Zugstangen erfolgt die Knickbewegung des vorderen

Segments um den Auflagepunkt des starren Verbindungsstücks am vorderen Segment. Sind die Verschiebungen der beiden Schubstangen gegenüber dem Ruhezustand bekannt, lässt sich die Winkelstellung des vorderen Segments eindeutig bestimmen.

Für die einzelnen Komponenten der flexiblen Endoskopspitze werden in den nachstehenden Kapiteln Lösungsalternativen diskutiert. Als Grundlage hierfür dient zunächst die Entwicklung und die Analyse der Kinematik. Es folgen die Ausarbeitung der Gelenke sowie deren Fertigung und Untersuchung. Basierend auf den gewonnenen Ergebnissen erfolgt anschließend die Auslegung und Beurteilung verschiedener Antriebseinheiten. Mit den infrage kommenden Funktionsgruppen werden verschiedene Funktionsmodelle aufgebaut und um zusätzliche Funktionen erweitert. Im Hinblick auf den Aufbau sind dabei insbesondere der eingeschränkte Bauraum in den Endoskopen, die benötigte Antriebskraft zum Verstellen der Spitze sowie der zu erwartende Produktionsaufwand von Bedeutung. Weiterhin werden der erreichbare Bewegungsspielraum und die Verfahrgeschwindigkeit der Spitze beurteilt. Um den Anforderungen des Gesamtprojekts gerecht zu werden, ist ein Sichtbereich von 180° mit der beweglichen Spitze abzudecken.

Durch das Abknicken der Spitze wird anstelle einer starren Optik, ein Chip-on-the-Tip-Aufbau verwendet. Bei diesem ist hinter einem kurzen Linsensystem ein Videochip im vorderen Segment untergebracht. In den bisherigen Labormustern ist ein Fix-Fokus-System der Firma Karl Storz Endoskope integriert. In Erweiterung dessen wurde ein optisches System mit variablem Fokus ausgelegt und ein entsprechender Antriebsmotor für die Linsenbewegung aufgebaut.

Insgesamt bietet der Einsatz der Gelenkführung entscheidende Vorteile gegenüber den im Stand der Technik aufgeführten Beispielen. Die Ansteuerung der Bewegung lässt sich mit zwei einfachen Motoren umsetzen und damit automatisieren. Durch das Auslesen der Motorposition ist ein eindeutiger Rückschluss auf die Winkelposition des vorderen Segments möglich. Gerade für Anwendungen mit Virtual Reality / Augmented Reality oder integrierter Navigation ist dieser Rückschluss von großem Gewicht, um beispielsweise zusätzliche, ortsgebundene Informationen im Bild anzuzeigen. Auch die Bewegung der Endoskopspitze mit herkömmlichen oder neuartigen Gerätebedienungen wie Sprachsteuerung oder Eye-Tracking wird so deutlich vereinfacht.

Die Gelenkführung ermöglicht das Verkippen einer kurzen Endoskopspitze unter kleinem Winkel in allen Raumrichtungen. Dies ist nicht nur in der Laparoskopie von großem Vorteil. Zudem sinkt durch den Betrieb mit starren Schub- / Zugstangen die Gefahr von Verschleiß. Beim Einsatz von Drahtzügen kommt es hingegen im Betrieb zu einer Längenänderung der Seilzüge, so dass Nachjustagen erforderlich sind. Weiterhin kommt es durch Verschleiß bis zum Bruch der Antriebselemente. Gegenüber den herkömmlichen Stelleinrichtungen wurde weiterhin der Fertigungs- und Montageaufwand deutlich reduziert und die Anzahl der Bauteile minimiert.

Durch die Art der Bewegung bleibt das mit dem Video-Chip aufgenommene Bild für den Betrachter immer aufrecht. Ein Großteil der untersuchten anderen Lösungen verkippt das Bild bei der Rotation des Endoskopschafts. Da mit der Führung die Spitze des Endoskops, also auch die Blickrichtung, direkt eingestellt wird und nicht durch eine Kombination von Abknicken der Spitze und Rotation des Schafts zustande kommt, ist die Handhabung sehr einfach und intuitiv schnell erlernbar. Es kommt dadurch zu einer sehr kurzen Eingewöhnungszeit bei der Bedienung des Geräts.

Durch die Positionierung der Antriebselemente im Randbereich des Schafts bleibt viel Bauraum im Inneren des Schafts für andere Elemente wie Licht- und Datenleitungen oder Arbeitskanäle für Laseranwendungen, Spülungen oder Ähnliches.

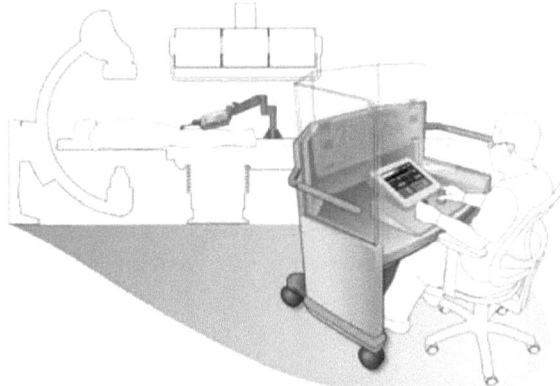

Abbildung 1-13 Roboterassistenzsystem von Corindus für die Stentplatzierung [Cori11]

Die Gelenkführung ist in weiten Bereichen skalierbar und lässt sich deswegen in unterschiedliche Endoskope integrieren. Nicht nur die im Kapitel 1 beschriebenen Forderungen an derart automatisierte Geräte, auch die fortschreitende Verbreitung der computerassistierten (vgl. Abbildung 1-13), beziehungsweise roboterunterstützten Chirurgie lassen auf einen großen Bedarf an der beschriebenen Entwicklung schließen.

Die hier entwickelte Gelenkführung wurde 2010 zum Deutschen Patent angemeldet. Eine weltweite Anmeldung wird derzeit überprüft.

2 Manipulatoren für die flexible Endoskopspitze

Die gewünschte Flexibilität der distalen Gerätespitze erfordert die Entwicklung einer kinematischen Struktur, die den oben beschriebenen Anforderungen genügt. Neben dem möglichst kompakten Bauraum, einer wirtschaftlichen Fertigung und einer intuitiven Bedienbarkeit liegt der Fokus der Entwicklung auf der Eignung zum Einsatz als medizintechnisches Gerät.

Kinematische Strukturen lassen sich nach [Neug06] grundsätzlich in serielle und parallele oder Hybriden aus diesen unterscheiden. Serielle Strukturen sind durch eine offene kinematische Kette zwischen einer ortsfesten Basis und der Arbeitsplattform (englisch Tool Center Point, TCP) gekennzeichnet. Die Bewegungsachsen φ_n einer solchen seriellen Kinematik sind also hintereinander angeordnet und beeinflussen jeweils nur die ihnen nachfolgend angeordneten Achsen (vgl. Abbildung 2-1).

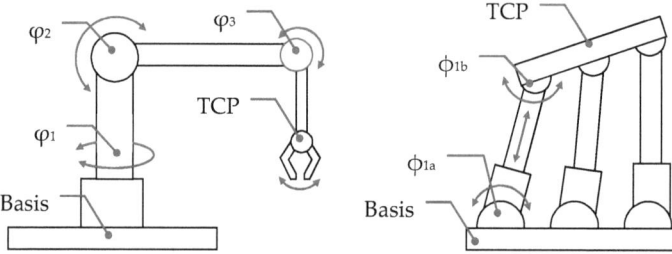

Abbildung 2-1 Kinematische Strukturen, links: seriell, rechts: parallel

Seriell aufgebaute Strukturen verfügen über einen, im Verhältnis zu den eigenen Dimensionen, großen Arbeitsraum. Dieser lässt sich mit hoher Gelenkigkeit durchfahren. Da jedoch jeder Antrieb alle folgenden Glieder und Antriebe zusätzlich zur Arbeitsmasse mitbewegen muss, sind serielle Strukturen üblicherweise sehr massiv aufgebaut, um eine ausreichende Dynamik und Genauigkeit zu erreichen. Die Fehler der einzelnen Glieder, durch beispielsweise Lagerspiel oder Stellungenauigkeiten der Antriebe, addieren sich über die serielle Kette auf. Es ist daher häufig eine aufwendige Mess- und Regelungstechnik notwendig. Trotzdem ist aufgrund der großen Erfahrung, dem vergleichsweise großen Arbeitsraum und der deutlich einfacheren Auslegung und Steuerung ist zurzeit ein Großteil aller Industrieroboter mit einer seriellen Kinematik ausgestattet (vgl. Abbildung 2-2).

Parallelkinematische Strukturen sind durch mehrere geschlossene Gelenkketten, die von der Basis aus den TCP gleichzeitig (parallel) führen gekennzeichnet (vgl. Abbildung 2-1, rechts). Die einzelnen Glieder greifen jeweils direkt am TCP an, im geometrischen Sinne sind sie also nicht parallel. Die Antriebe für die einzelnen Glieder lassen sich in die Basis der Struktur verschieben. Durch die reduzierten mitbewegten Massen ist ein entsprechend filigraner Aufbau möglich. Der vergleichsweise kleine Arbeitsraum paralleler Strukturen ist so mit sehr hoher Dynamik befahrbar.

Abbildung 2-2 Industriebeispiele für serielle Kinematik [Kuka10], links und parallele Kinematik [Phys10], rechts

Industriell finden sich derartige Systeme immer mehr in Bereichen, die hohe Anforderungen an Beschleunigung und Präzision stellen. In der Abbildung 2-2, ist rechts ein typisches System mit sechs Freiheitsgraden für den Einsatz in der Medizintechnik dargestellt. Derartige Hexapoden eignen sich besonders gut für Positionieraufgaben, da sich die Einzelfehler der Antriebselemente nicht wie bei seriellen Strukturen aufsummieren.

Durch die parallele Kinematik kommt es jedoch zu einem verhältnismäßig kleinen Arbeitsbereich, da sich die Einzelbewegungen der Glieder nicht addieren. Zudem ist die Steuerung oder Regelung der Aufbauten üblicherweise komplexer als bei seriellen Strukturen [Kiel07].

Der Einsatz einer Parallelkinematik zum Verfahren der flexiblen Instrumentenspitzen erscheint aus mehreren Gründen von Vorteil. Durch das Verschieben aller Antriebe aus dem Arbeitsraum in die Basis lassen sich passive Gelenke verwenden. Diese sind wesentlich einfacher zu miniaturisieren als Gelenke mit Aktoren. Die vergleichsweise höhere Dynamik paralleler Strukturen erlaubt ein schnelles Abfahren des gesamten Arbeitsbereichs, wie es zum Beispiel für das Aufzeichnen der geforderten Panoramaansicht beim Einsatz in Endoskopen notwendig ist. Weiterhin ermöglicht eine geeignete Parallelkinematik die Bewegungserzeugung der flexiblen Endoskopspitzen mit vergleichsweise einfachen Linearaktoren.

Die Entwicklung einer zweckmäßigen kinematischen Struktur erfordert die iterative Ausarbeitung ihrer verschiedenen Eigenschaften [Volm95]. Zunächst muss der grundsätzliche Getriebetyp identifiziert werden. Für diesen ist eine analytische oder numerische Berechnung des Arbeitsraums und der Ansteuerung der Gelenkführung zu erstellen. Anschließend werden die Gelenke, die Aktoren und die Abmessungen der beteiligten Glieder ausgelegt. In den folgenden Kapiteln werden die einzelnen Schritte der Entwicklung näher beschrieben.

2.1 Funktionsbeschreibung des Manipulators

Die erforderliche Bewegungsfreiheit der flexiblen Spitzen ist abhängig vom Endoskoptyp, in dem die Spitze integriert werden soll. Für das entwickelte Endoskop ist die Bewegung der Spitze beispielsweise durch den gewünschten Sichtbereich vorgegeben. Beim Einsatz des Endoskops soll vor jeder Operation ein 180°-Panoramabild des Operationsbereichs aufgezeichnet werden. Damit ist der Winkel α unter dem die Spitze (1) gegenüber dem Schaft (2) gekippt werden muss, bei der Auslegung des Endoskops abhängig vom Bildfeldwinkel 2ω', also dem Sichtbereich des eingesetzten optischen Systems (vgl. Abbildung 2-3).

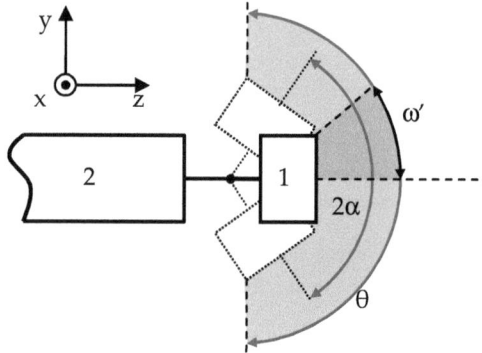

Abbildung 2-3   Darstellung der Auslenkung und des Blickwinkels

Für einen Sichtbereich von $\theta = 180°$ ergibt sich für den Winkel α in positiver und negativer Richtung:

$$\alpha = \frac{\theta}{2} - \omega' \qquad (2\text{-}1)$$

Dieser Winkel ist gleichermaßen für die x- und die y-Achse gültig, um eine 180°-Panoramaansicht in x- und y-Richtung aufzuzeichnen. Da bei jetzigen Endoskopen der Feldwinkel 2ω' etwa 70° beträgt, folgt als Forderung für den Winkel $\alpha = 55°$.

Im Kapitel 1 wurden die Vorzüge einer flexiblen Instrumentenspitze beschrieben, die sich mittels Schub-Zugstangen verstellen lässt. Die Abbildung 2-4 zeigt das einfache Modell einer flexiblen Spitze in der y-z-Ebene. Die Spitze des Aufbaus lässt sich durch eine lineare Verschiebung der oberen Stange A gegenüber der unteren Stange C verkippen. Die beiden Stangen mit dem Abstand r_1 im Ausgangszustand weisen je ein Gelenk g_n auf, welches einen rotatorischen Freiheitsgrad in der dargestellten Ebene besitzt. Die Stange A ist zusätzlich in g_6 linear gelagert. Ein Verkippen der Spitze um das Gelenk g_0 würde den Abstand r_1 durch die Parallelverschiebung der Stange A reduzieren, so dass der Abstand bei einem Winkel von $\alpha = 90°$ rechnerisch zu $r_2 = 0$ würde. Dazu müsste jedoch die Stange A aus dem Gleitlager g_6 rutschen, wie auf der rechten Seite der Abbildung 2-4 gezeigt.

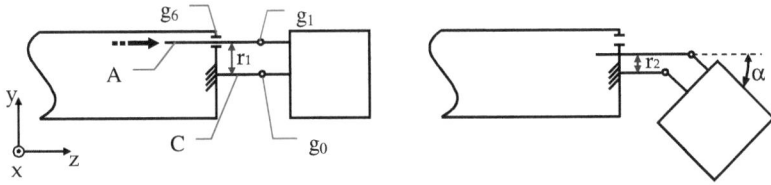

Abbildung 2-4 Einfaches Modell einer flexiblen Instrumentenspitze

Ein derartiger Aufbau müsste also über ein Linearlager verfügen, das eine Bewegung in zwei senkrecht zueinander stehenden Achsen erlaubt. Alternativ ist die Integration von flexiblen Schub- / Zugstangen denkbar. Diese könnten die Abstandsänderung ausgleichen. Der Einsatz von ausreichend flexiblen Schub- / Zugstangen führt jedoch zu einem stark materialabhängigen Knickverhalten und ist zudem bereits zum Patent (US 603663 6A) angemeldet.

Anstelle der Entwicklung eines miniaturisierten Linearlagers mit den erforderlichen Eigenschaften wird in einem erweiterten Modell in die Schubstange A ein zusätzliches Drehgelenk g_2 integriert, siehe Abbildung 2-5.

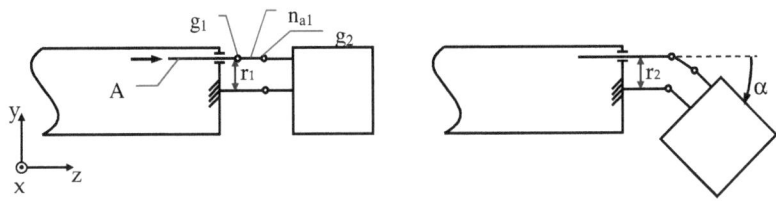

Abbildung 2-5 Erweitertes Modell einer flexiblen Instrumentenspitze mit einem zusätzlichen Gelenk

Das zusätzliche Gelenk in der Schub- / Zugstange ermöglicht das Verkippen des Stangenelements n_{A1} zwischen den beiden Drehgelenken und verhindert so eine Veränderung des Stangenabstands r.

Wird der beschriebene Aufbau um eine Schub- /Zugstange B in der x-y-Ebene erweitert, ergibt sich die in der Abbildung 2-6 gezeigte Anordnung. Die Spitze lässt sich jetzt durch eine Verschiebung von A oder B in z-Richtung um das Gelenk g_0 verkippen. Den Anforderungen aus Kapitel 1.2 entsprechend, erlaubt das Gelenk g_0 lediglich die Rotation um die y- und die x-Achse.

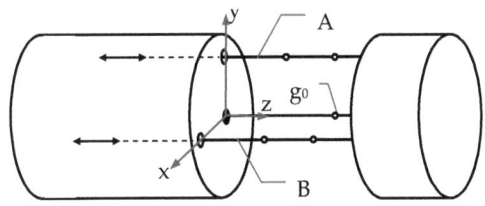

Abbildung 2-6 Erweiterter Aufbau mit zwei Schub- / Zugstangen

Eine mit den beschriebenen Gelenken ausgestattete Endoskopspitze lässt sich im Raum um einen Punkt g_0 verkippen, jedoch nicht verdrehen. Der Horizont des aus der Endoskopspitze übertragenen Bilds bleibt also in jeder Lage aufrecht. Für Endoskope, die eine Rotation um die Schaftachse erfordern, ist ein zusätzlicher Mechanismus vorzusehen. Dieser könnte wie bei bekannten chirurgischen Instrumenten beispielsweise den Schaft gegenüber dem Handgriff verdrehen (vgl. Abbildung 2-7).

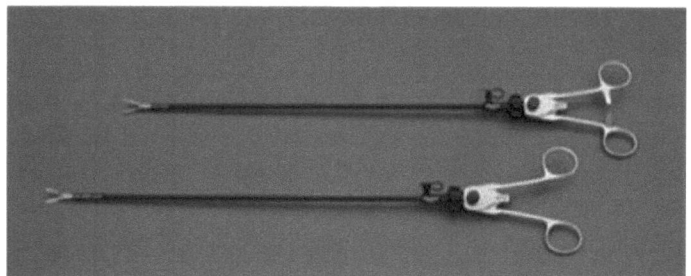

Abbildung 2-7   Am Griff drehbare chirurgische Instrumente [Stor10]

Bevor die flexible Spitze im Folgenden weiter ausgearbeitet wird, ist zunächst die kinematische Bestimmtheit sicher zu stellen, um für jede Ansteuerungskombination der Schub- / Zugstangen nur eine definierte Lage der Spitze zu erhalten.

2.2   Analyse der Kinematik

Nach Grübler [Hage09] liegt für ein Getriebe genau dann Zwanglauf vor, wenn sich alle beweglichen Glieder in vollständig bestimmten Bahnen gegenüber dem Gestell bewegen, sobald ein Glied bewegt wird. Die Zwanglaufbedingung beschreibt also den Freiheitsgrad und ist für ein räumliches Getriebe durch die Gleichung (2-2) gegeben. Da die entwickelte Gelenkführung nach [Hage09] ein ungleichmäßig übersetzendes Getriebe darstellt, lässt sich die Bedingung für die Bestimmung des Freiheitsgrads anwenden.

$$F_G = 6 \cdot (n - 1 - g) + \sum_{i=1}^{g} b_i \qquad (2\text{-}2)$$

In der obigen Gleichung steht F_G für den Freiheitsgrad des Getriebes. Die Anzahl der Getriebeglieder inklusive dem Gestell ist mit n, die Anzahl der Gelenke mit g und der Freiheitsgrad der einzelnen Gelenke mit b_i angegeben. Für die Überprüfung des Zwanglaufs wird die Führung vereinfacht dargestellt. Die Abbildung 2-8 zeigt die durch ein einzelnes Getriebeglied n_{c2} ersetzte Spitze. Die Vereinfachung ist möglich, da alle Teilstücke von n_{c2} starr mit der Spitze verbunden sind. Im übrigen Getriebe tauchen pro Schub- / Zugstange jeweils zwei weitere Glieder auf. Die feststehende Stange ist mit dem Gestell verbunden und zählt so als ein weiteres Glied n_{c1}. Insgesamt besteht das Getriebe aus n = 6 Gliedern.

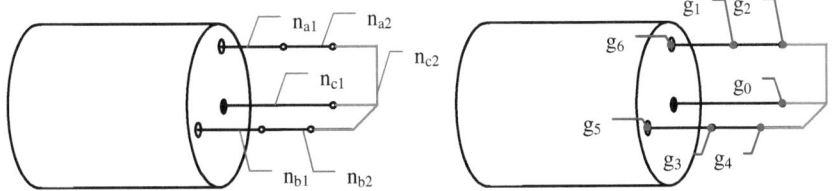

Abbildung 2-8 Vereinfachter Aufbau der Gelenkführung für die Bestimmung des Zwanglaufs

Die einzelnen Glieder des Getriebes sind untereinander durch die in der Abbildung 2-8 mit $g_0 - g_4$ bezeichneten Gelenke verbunden. Zwischen dem Gestell und den Schub- / Zugstangen sind zusätzlich die beiden Gelenke g_5 und g_6 eingesetzt. Die Anzahl der Gelenke ist also g = 7.

Wie oben beschrieben, ist das Gelenk g_0, um das sich die Spitze verkippen lassen soll, mit zwei rotatorischen Freiheitsgraden $b_0 = 2$ ausgestattet. Weiterhin müssen die beiden Gelenke g_5 und g_6 wenigstens einen Freiheitsgrad von $b_i = 1$ aufweisen, damit sich die Schub- / Zugstangen in ihnen bewegen lassen. Die Gelenke g_1 bis g_4 zwischen den übrigen Getriebegliedern sollen die Bewegung der Spitze in zwei Achsen ermöglichen. Sie benötigen also einen Freiheitsgrad von $b_i \geq 2$.

Eine beliebige statische Position muss für ein zwangsbestimmtes Getriebe zu einem Freiheitgrad von $F_G = 0$ führen. Die bisher festgelegten Freiheitsgrade b_n für die einzelnen Gelenke führen nach (2-2) zu:

$$F_G = 6 \cdot (6 - 1 - 7) + (2 + 1 + 1 + 2 + 2 + 2 + 2) = 0 \qquad (2\text{-}3)$$

Mit den bisherigen Gelenkfreiheitsgraden ist die Position aller Glieder also eindeutig festgelegt. Damit das Getriebe und dadurch die Endoskopspitze den Anforderungen entsprechend mit zwei Freiheitsgraden bewegt werden kann, ist es notwendig, zwei zusätzliche Gelenkfreiheitsgrade einzuführen.

Die Freiheitsgrade lassen sich nur in den Gelenken g_1 bis g_6 einfügen, da g_0 festgelegt ist. Werden die zwei zusätzlichen Gelenkfreiheitsgrade auf zwei der Gelenke g_1 bis g_4 verteilt, müssen jeweils zwei Gelenke mit zwei Freiheitsgraden und zwei Gelenke mit drei Freiheitsgraden entwickelt werden. Um die Anzahl der verschiedenen, eingesetzten Gelenke möglichst gering zu halten, sind die beiden übrigen Freiheitsgrade auf die Gelenke g_5 und g_6 aufgeteilt. Diese werden als Drehschubgelenke ausgeführt. Sie erlauben also die axiale Verschiebung der Schub- / Zugstangen und deren Rotation um die Verschiebungsachse. Die Abbildung 2-9 zeigt die gewählten Freiheitsgrade für alle Gelenke in der Übersicht. Die in Blau dargestellten Gelenke erlauben eine Rotation um die x- und die y-Achse, die orangefarbenen Gelenke eine Rotation um die z-Achse und eine Translation entlang der z-Achse.

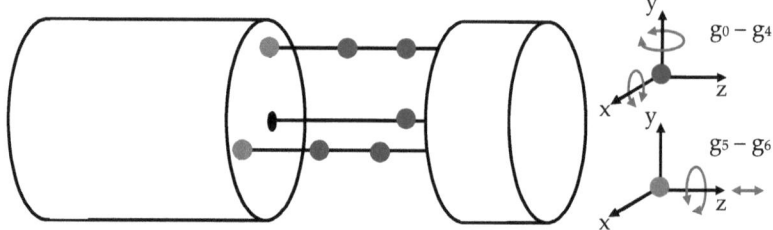

Abbildung 2-9 Darstellung der verschiedenen Gelenkfreiheitsgrade

Solange sich die beiden Schub- / Zugstangen im Ruhezustand befinden, fällt in den Gelenken g_5 und g_6 je ein Freiheitsgrad (Translation in z-Richtung) weg. Die Zwangsbedingung nach Grübler ist dann gemäß (2-3) für jede eingestellte Position mit $F_G = 0$ erfüllt und die Endoskopspitze wie gefordert in einer eindeutig definierten Lage.

Die festgelegten Freiheitsgrade der Gelenke und das grundsätzliche Funktionsprinzip der flexiblen Spitze führen zu verschiedenen Aufbauansätzen des Gelenkgetriebes, die im Folgenden miteinander verglichen werden.

2.2.1 Diskussion der Parameter für die Gelenkführungsvarianten

In Kapitel 1 ist ausgeführt, dass der flexible Teil der Endoskope möglichst kurz zu gestalten ist. Andernfalls sind Eingriffe im räumlich stark eingeschränkten Operationsbereich kaum durchführbar. Grundsätzlich wird daher bei der Variation der einzelnen Komponenten auf eine geringe Gesamtbaulänge geachtet. Neben der Baulänge legen vier wesentliche Parameter das Verhalten der Gelenkführung fest:

- die Position der Stangen im Querschnitt des Schafts
- der Abstand r zwischen der starren Gelenkstange und den Schub- / Zugstangen
- die Länge l des Schub- / Zugstangenteils n_a zwischen den vorderen Gelenken
- die Position der Gelenke in den verschiedenen Stangen zueinander

In der Abbildung 2-10 sind Varianten der Stangenposition im Querschnitt des Schafts dargestellt. Die beiden Schub- / Zugstangen liegen in den Varianten nah am Schaft-rand. Die feststehende Gelenkstange mit dem Gelenk g_0 ist im linken Bild mittig und im rechten Bild mit dem gleichen Abstand zur Schaftmitte angeordnet, wie die Schub- / Zugstangen.

Abbildung 2-10 Varianten der Stangenposition im Schaftquerschnitt

Durch die Position des Gelenks g_0 im Schaftquerschnitt wird der Punkt festgelegt, um den sich die Spitze bewegen lässt. Dieser sollte dem jeweiligen Einsatzzweck angepasst sein. Für ein Endoskop mit flexibler Spitze ist es vorteilhaft, diesen Punkt so zu wählen, dass er auf der optischen Achse der Kamera liegt. Andernfalls kommt es zu einem Parallelversatz zwischen Bild- und Spitzenbewegung und dadurch zu einer weniger intuitiven Instrumentensteuerung und Bildwahrnehmung durch den Benutzer.

Bei der Single-Port-Technik (englisch: Single Port Laparoscopic Surgery, SPLS) erfolgt der Eingriff in den Operationsbereich im Unterschied zur herkömmlichen Laparoskopie durch nur einen Zugang. Diese relativ neue Operationstechnik erfordert den Einsatz spezieller, flexibler Instrumente. Die Abbildung 2-11 zeigt einen Single-Port-Zugang mit zwei eingeschobenen Instrumenten und einem starren Endoskop.

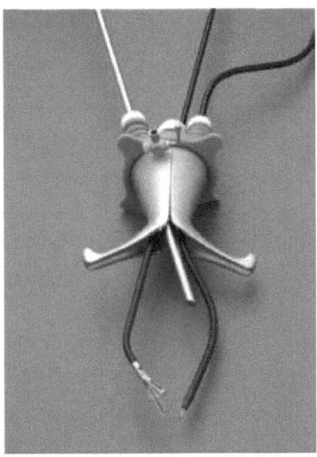

Abbildung 2-11 Single-Port-Zugang mit eingeschobenen Instrumenten und Endoskop [Stor10]

Für den Einsatz in der SPLS ist eine Vororientierung des Endoskops zu den Instrumenten günstig, damit diese ständig im Sichtbereich bleiben. Das Gelenk g_0 sollte daher am Rand des Schaftquerschnitts liegen (vgl. Abbildung 2-10, rechts). Die Bewegung der Spitze erfolgt dann um die Außenkante des Endoskops.

Der Abstand r zwischen den Schub- / Zugstangen A und B und der starren Stange C bestimmt das Verhältnis von Spitzenauslenkung zur Bewegung der Stangen A und B (vgl. Abbildung 2-12).

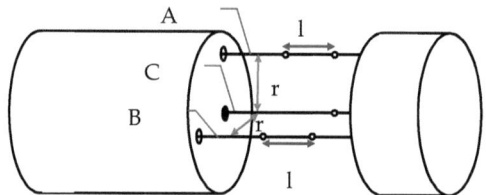

Abbildung 2-12   Lage der Parameter l und r

Je kleiner r gewählt wird, desto mehr wird die Scheibe an der Spitze bei einer Schub- / Zugbewegung von A oder B ausgelenkt. Der nötige Zustellbereich für die Antriebe der Schub- / Zugstangen verringert sich also mit r. Gleichzeitig wird aber auch die Auflösung der Spitzenbewegung reduziert. Im Aufbau wird der minimale Abstand durch die Baugröße der Gelenke gegeben, der maximale durch den Außendurchmesser des Schafts. Für eine gleichmäßige Bewegung der Spitze ist in den meisten Endoskopen der gleiche Abstand r zwischen den Stangen A und C und zwischen B und C sinnvoll. Bei speziellen Einsatzzwecken wie der SPLS kann eine unterschiedliche Auslegung der Abstände von Vorteil sein. Es lässt sich dadurch eine feinere Bewegungsauflösung in der Hauptarbeitsrichtung erzielen.

Die in der Abbildung 2-12 in blau dargestellte Länge l des Zwischensegments der Schub- / Zugstangen nimmt zusätzlichen Einfluss auf die Auslenkung der Spitze durch die Stangenbewegung von A und B. Je kürzer l ist, desto mehr wird die Spitze durch die Verschiebung von A oder B ausgelenkt. Mit den oben beschriebenen Ausnahmen ist es auch bei der Auslegung von l für beide Schub- / Zugstangen sinnvoll, die gleiche Länge für eine gleichmäßige Bewegung in allen Richtungen zu wählen. Eine detaillierte Analyse der beschriebenen Eigenschaftsänderungen durch die Variation der Längen l und r findet sich im folgenden Kapitel 2.2.2 In der Analyse ist zusätzlich der vierte Punkt aus der obigen Aufzählung beschrieben, nämlich der Einfluss der Position der einzelnen Gelenke zueinander.

2.2.2   Analytische Auslegung der Gelenkführung in einer Ebene

Die Analyse des erreichbaren Ablenkwinkels der flexiblen Spitze, als Funktion der einzelnen Bestandteile auf deren Bewegung, wird an einem vereinfachten Modell zunächst für eine Ebene durchgeführt. Die Abbildung 2-13 zeigt die Führung in der y-z-Ebene. Die Auslenkung der Spitze um das Gelenk g_0 ist mit α_P für die Bewegung in y-Richtung bezeichnet. Die Bewegung entgegen der y-Richtung wird im Folgenden α_N genannt. Als Parameter für die Auslenkung dienen die Längen l und r sowie der Weg a der Schub- / Zugstange.

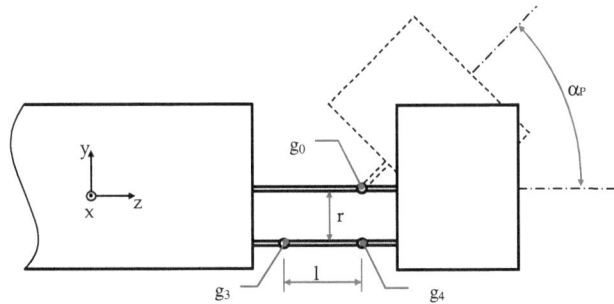

Abbildung 2-13 Modell der beweglichen Spitze in der y-z-Ebene

Die Berechnung der Winkels α als Funktion des Wegs a erfolgt trigonometrisch mit dem in blau dargestellten Hilfsdreieck aus der Abbildung 2-14. Die Abbildung zeigt ein Modell der flexiblen Spitze, in dem nur die Komponenten dargestellt sind, die zur Bewegung beitragen. Das Dreieck wird aus den Verbindungen der Gelenke g_0, g_3 und g_4 gebildet.

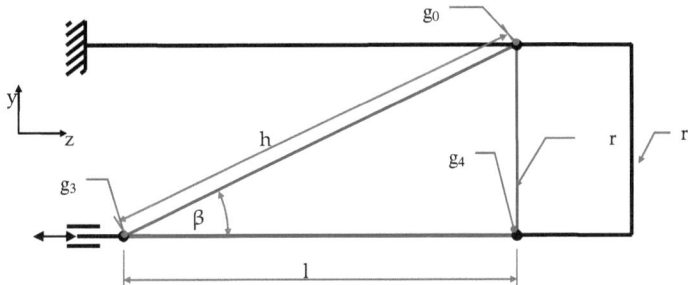

Abbildung 2-14 Vereinfachtes Modell der beweglichen Spitze mit Hilfsdreieck

Die Länge der Hypotenuse h und der Winkel β lassen sich wie folgt berechnen:

$$h = \sqrt{l^2 + r^2} \tag{2-4}$$

$$\cos(\beta) = \frac{l}{h} \tag{2-5}$$

$$\beta = \mathrm{acos}\left(\frac{l}{h}\right) \tag{2-6}$$

Um die Spitze auszulenken, wird das Gelenk g_3 in z-Richtung um a verschoben. In der Abbildung 2-15 ist die Geometrie der ausgelenkten Spitze dargestellt. Für die folgende Berechnung wird eine zusätzliche Strecke c zwischen g'_3 und h eingeführt. Die Strecke steht senkrecht auf h und bildet so mit a und b ein rechtwinkliges Dreieck. Die dritte Kante b lässt sich mit β bestimmen.

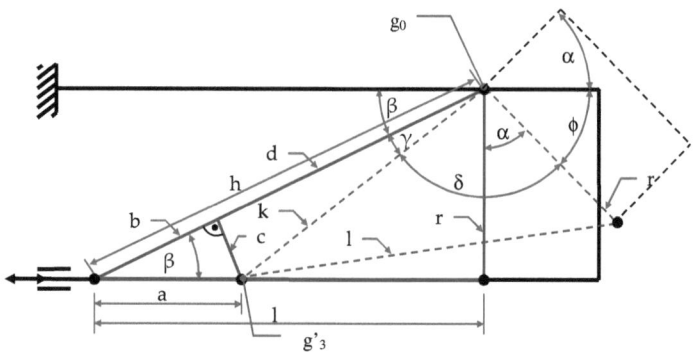

Abbildung 2-15 Darstellung der Geometrie der ausgelenkten Spitze

$$\cos(\beta) = \frac{b}{a} \quad (2\text{-}7)$$

Weiterhin folgt aus (2-5) und (2-7):

$$b = a \cdot \frac{l}{h} \quad (2\text{-}8)$$

Die Länge des zweiten Teilstücks von h ist:

$$d = h - b \quad (2\text{-}9)$$

Mit Kenntnis von a und β ergibt sich c zu:

$$\sin(\beta) = \frac{c}{a} \quad (2\text{-}10)$$

$$c = a \cdot \sin(\beta) \quad (2\text{-}11)$$

Im nächsten Schritt lässt sich die neue Kantenlänge des Hilfsdreiecks berechnen:

$$k = \sqrt{c^2 + d^2} \quad (2\text{-}12)$$

Der Winkel γ zwischen h und k ist:

$$\tan(\gamma) = \frac{c}{d} \quad (2\text{-}13)$$

$$\gamma = \operatorname{atan}\left(\frac{c}{d}\right) \quad (2\text{-}14)$$

Der Kosinussatz ergibt für den Winkel δ:

$$l^2 = r^2 + k^2 - 2 \cdot r \cdot k \cdot \cos(\delta) \quad (2\text{-}15)$$

$$\delta = \operatorname{acos}\left(\frac{r^2 + k^2 - l^2}{2 \cdot r \cdot k}\right) \quad (2\text{-}16)$$

Abschließend lässt sich mit (2-6), (2-14) und (2-16) der Ablenkwinkel α der Spitze berechnen:

$$\phi = 180° - \beta - \gamma - \delta \quad (2\text{-}17)$$

$$\alpha = 90 - \phi \quad (2\text{-}18)$$

Die weitere Berechnung des beschriebenen, analytischen Modells der flexiblen Spitze erfolgt iterativ mit der Software MATLAB. Dazu werden anfangs die in Frage kommenden Konfigurationen von r und l festgelegt.

Aufgrund der Forderung nach einer möglichst kompakten Bauweise wird die Länge von l im Bereich zwischen 0,5 und 25 mm untersucht. Der Abstand der beiden Schubstangen r ist durch den Instrumentenradius eingeschränkt. Am Markt erhältliche Instrumente weisen üblicherweise einen Durchmesser von 10 mm oder weniger auf. Der Stangenabstand r wird daher zwischen 0,5 und 5,5 mm variiert.

Zunächst werden die maximalen und minimalen Ablenkwinkel in positiver und negativer y-Richtung für die Kombinationen von l und r untersucht. Dazu wird vor der weiteren Berechnung eine Fallunterscheidung durchgeführt:

1. Fall $r \geq l$
2. Fall $2 \cdot r \geq l > r$
3. Fall $l > 2 \cdot r$

Für den ersten Fall gilt, dass der positive und der negative Ablenkwinkel zu 0° werden, wenn l = 0 mm ist. In diesem Fall ist die Spitze nicht mehr zu bewegen. In der Abbildung 2-16 sind der maximale positive und negative Ablenkwinkel dargestellt.

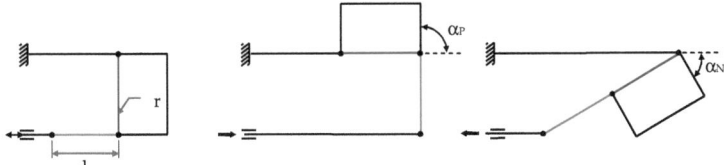

Abbildung 2-16   Darstellung der Kinematik und der Grenzwinkel für r ≥ l

Der maximale positive Grenzwinkel α_P beträgt 90°, wenn r = l ist und die Schubstange soweit ausgelenkt wurde, dass das Stangensegment l senkrecht zu dieser steht (vgl. Abbildung 2-16). Der maximale negative Biegewinkel α$_N$ wird für r = l zu 60°. Die Abbildung 2-17 zeigt die geometrischen Verhältnisse für den zweiten Fall.

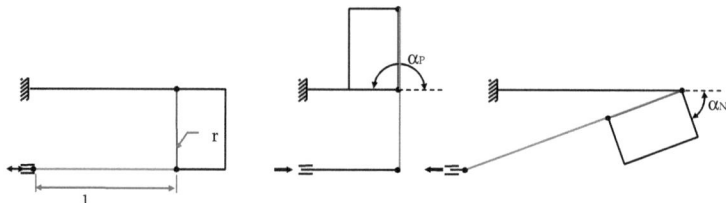

Abbildung 2-17 Darstellung der Kinematik und der Grenzwinkel für 2r ≥ l > r

Die beiden minimalen Winkel entsprechen den maximalen Winkeln aus dem ersten Fall. Für den Fall l = 2·r ergibt sich ein maximaler positiver Winkel α$_P$ von 180°. Dazu muss die Schubstange so weit ausgefahren werden, dass die Segmente l und r übereinander liegen. Der maximale negative Winkel α$_N$ ist 70,53° und wird wiederum erreicht, wenn das Segment l die Verlängerung vom Segment r ist. Die Biegewinkel für den dritten Fall sind in der Abbildung 2-18 dargestellt.

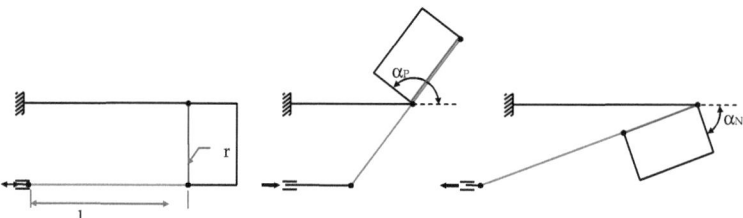

Abbildung 2-18 Darstellung der Kinematik und der Grenzwinkel für l > 2·r

Der positive Winkel α$_P$ beträgt maximal 180° bei l = 2·r und nähert sich mit steigender Länge von l für große Werte rechnerisch 90° an. Der maximale negative Winkel steigt von 70° bei l = 2·r mit l rechnerisch bis auf 90° an. Die Abbildung 2-19 zeigt den Verlauf der maximalen Ablenkwinkel über der Länge von l für die drei Fälle. Die Länge von r ist beispielhaft mit 2,5 mm gewählt.

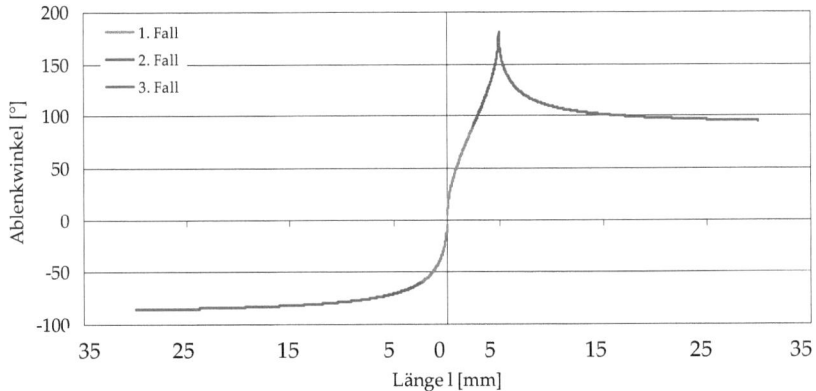

Abbildung 2-19 Maximaler positiver und negativer Ablenkwinkel für r = 2,5 mm

Es ist klar zu erkennen, dass die maximalen Winkel in positiver und negativer Richtung unterschiedlich verlaufen. Die Steigung ist im ersten Fall für die positive und die negative Richtung am größten. Es ist also nur eine geringe Vergrößerung von l nötig, um einen größeren Ablenkwinkel zu erzeugen. Bezüglich der kurzen Baulänge der Kinematik scheint die Auslegung von l und r gemäß dem ersten Fall daher sinnvoll.

In der Abbildung 2-20 sind die Kurvenverläufe der Maximalwinkel über der Länge von l für verschiedene Längen von r aufgetragen. Je kleiner r gewählt ist, desto mehr sind die Verläufe der Kurven gestaucht. Für den positiven maximalen Ablenkwinkel ist diese Änderung stärker. Insgesamt wird deutlich, dass ein kleinerer Abstand der Schub- / Zugstangen zu einem größeren maximalen Ablenkwinkel führt.

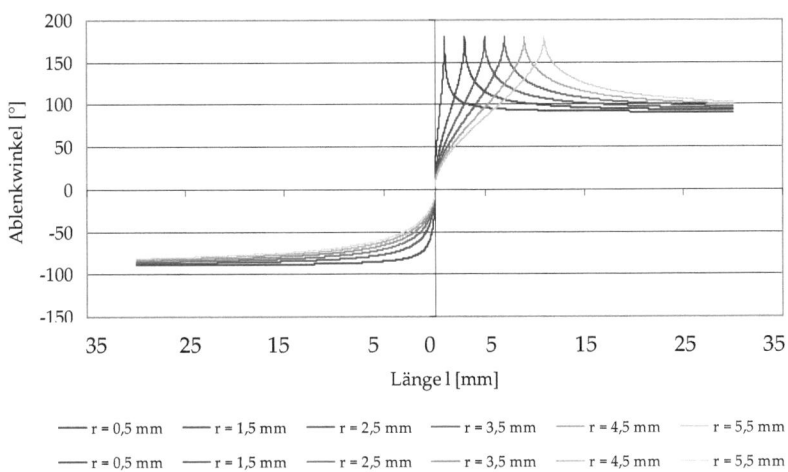

Abbildung 2-20 Darstellung der maximalen Ablenkwinkel über l für verschiedene Längen von r

Die Abbildung 2-21 und die Abbildung 2-22 zeigen die typischen Verläufe der Ablenkwinkel über dem Weg a der Schub- / Zugstangen für verschiedene Längen von r. Die Längen von l sind in beiden Abbildungen beispielhaft mit 3 mm und mit 5 mm gewählt.

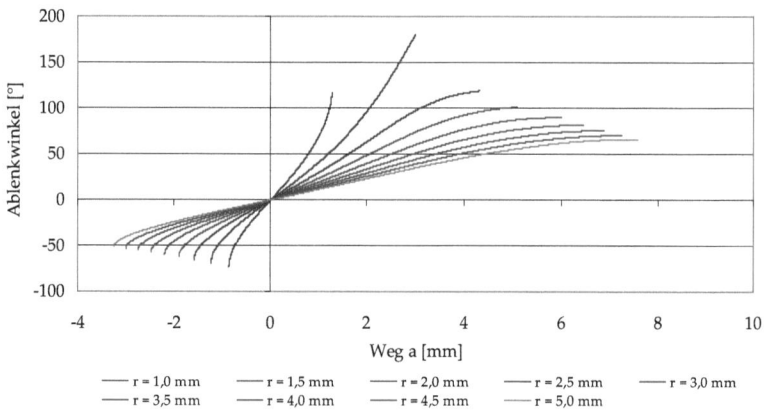

Abbildung 2-21 Ablenkwinkel α der Spitze in Abhängigkeit vom Weg a für eine Länge von l = 3 mm

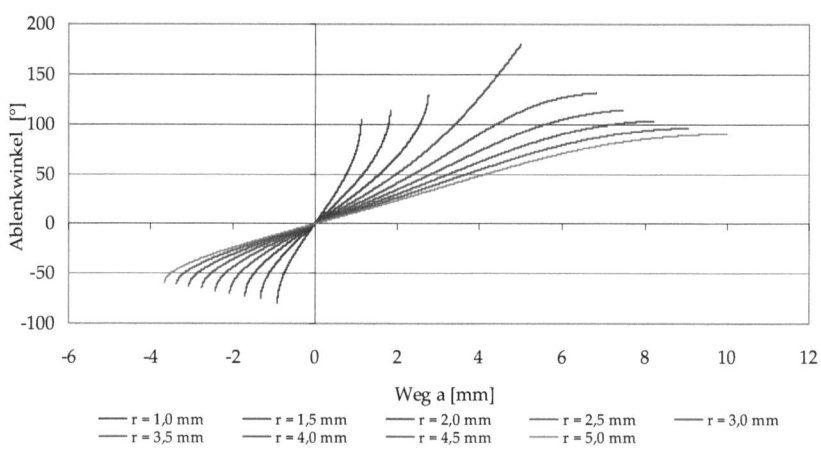

Abbildung 2-22 Ablenkwinkel α der Spitze in Abhängigkeit vom Weg a für eine Länge von l = 5 mm

Die Berechnung des Ablenkwinkels erfolgt jeweils, bis die maximale Auslenkung in positiver und negativer Richtung erreicht ist. Abhängig von dem Längenverhältnis r / l ist dann, wie oben beschrieben, entweder eine mechanische Begrenzung erreicht oder der Ablenkwinkel sinkt für größere Werte vom Weg a wieder.

In den Diagrammen 2-21 und 2-22 ist zu erkennen, dass für die Auslenkung der Spitze der Weg a mit der Länge von l ansteigt. Dieses Verhalten zeigt sich deutlich in den Berechnungen für größere Längen von l.

Beide Diagramme zeigen weiterhin, dass die Kinematik eine zunehmend ungleiche Auslenkung der Spitze in positiver und negativer y-Richtung mit steigendem Abstand r zwischen den Schub- / Zugstangen erzeugt. Für Ablenkwinkel bis zu ± 60° kommt es bei einem Verhältnis von $l/r < 2$ zu einem annähernd linearen und symmetrischen Verlauf in beiden Richtungen. Die Kinematik wird unter Berücksichtigung dieses Zusammenhangs ausgelegt, da die Auslenkwinkel ausreichend groß sind. Zudem lässt sich durch das nahezu lineare Verhalten eine weniger komplexe Ansteuerung der Schub- / Zugstangen verwenden.

In den Berechnungen ist der Durchmesser der Schub- / Zugstangen und der Gelenke bisher nicht berücksichtigt. Der berechnete maximale positive Ablenkwinkel wird daher im Versuchsaufbau in Abhängigkeit der Stangendurchmesser kleiner ausfallen, da die Stangen nicht übereinander liegen können. Weiterhin wird der Winkel durch die Flexibilität der Gelenke eingeschränkt (vgl. Kapitel 3).

In weiteren Berechnungen wird das Verhalten der Gelenkführung für die Position der einzelnen Gelenke zueinander untersucht. Die Abbildung 2-23 zeigt zwei der untersuchten Konfigurationen.

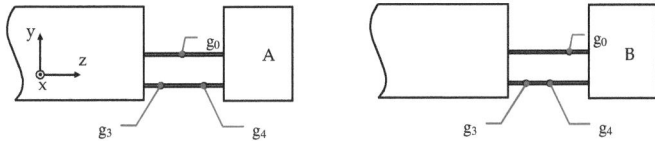

Abbildung 2-23   Flexible Spitze mit unterschiedlichen Gelenkkonfigurationen

In der ersten Variante A befindet sich das Gelenk g_0 in z-Richtung immer zwischen den beiden Gelenken g_3 und g_4. In der zweiten Variante B sind die beiden Gelenke g_3 und g_4 in z-Richtung stets vor dem Gelenk g_0 angeordnet. Die Anordnung der Gelenke in den beiden Schub- / Zugstangen ist für diese Berechnung jeweils gleich. Die trigonometrische Herleitung der Berechnungen erfolgt analog zu der oben beschriebenen und ist im Anhang ausgeführt.

Die Ergebnisse der Berechnungen zeigen für beide Varianten ein deutlich weniger lineares Verhalten der Spitzenbewegung als für die symmetrische Konfiguration. Eine Auslegung der Kinematik mit den beschriebenen Gelenkkonfigurationen wird daher nicht weiter verfolgt.

2.2.3   Modellrechnungen, Vergleich mit analytischem Ansatz

Die Bewegungsanalyse der flexiblen Spitze im Raum erfolgt numerisch mit Hilfe der Software SimMechanic, da keine analytische Lösung gefunden werden konnte. SimMechanics ist eine Erweiterung zur Simulink-Toolbox in MATLAB. Mit Hilfe der Erweiterung lassen sich in Simulink mechanische Systeme modellieren. Die Bewegungsanalyse erfolgt in der entwickelten Simulation als Vorwärtsberechnung. Den Aktoren werden dazu Antriebsbewegungen zugewiesen, aus denen die sich ergebenden Bewegungen der Kinematik berechnet werden. Die Abbildung 2-24 zeigt das Schema der Simulation.

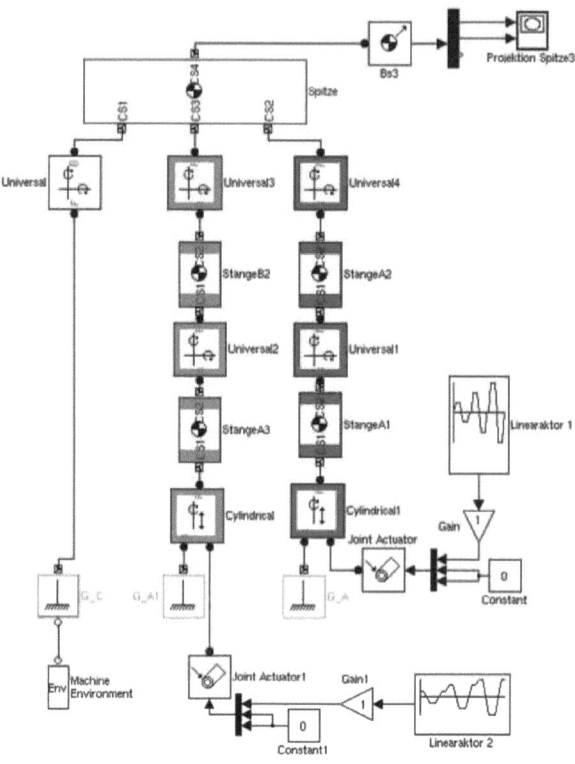

Abbildung 2-24   Numerische Berechnung der Kinematik in SimMechanic

Alle Einzelkomponenten werden als Blöcke in einer grafischen Benutzeroberfläche platziert und entsprechend der zugrunde liegenden Kinematik miteinander verbunden.

Die Ergebnisse der numerischen Simulation in der Ebene stimmen mit der analytischen 2D-Lösung überein. In weiteren Berechnungen lässt sich das Verhalten der Gelenkführung bei gleichzeitiger Bewegung der beiden Schub- / Zugstangen bestimmen. Im Kapitel 5.5 werden die Ergebnisse der Simulation mit dem experimentell ermittelten Verhalten der Gelenkführung verglichen. Die auftauchenden Abweichungen lassen sich im Wesentlichen durch die eingesetzten Gelenke erklären. Für alle Berechnungen wird von idealen Gelenken ausgegangen. Diese idealen Gelenke führen Bewegungen jeweils um einen Punkt aus und zeigen alle exakt dasselbe Verhalten. Die in den Labormustern eingesetzten Gelenke bewegen sich jedoch nicht um einen Punkt und weisen fertigungsbedingt nicht immer das gleiche Verhalten auf.

Die analytischen und die numerischen Berechnungen der Bewegungsabläufe der Spitze dienen wie beschrieben vorrangig der grundsätzlichen Auslegung des Gelenkgetriebes. Vor dem Aufbau der Labormuster wird das Bewegungsverhalten experimentell ermittelt, um die Abweichungen zu kompensieren. Eine genauere Betrachtung der Abweichungen findet sich in Kapitel 5.5.

3 Entwicklung der Gelenkverbindungen

Ein Gelenk ist als Verbindung zwischen benachbarten Gliedern eines Bewegungssystems definiert. Die Verbindung erlaubt eine Relativbewegung der Teile nur in einem bestimmten Maß, dem Freiheitsgrad des Gelenks.

Die Verbindung mit Gelenk lässt sich nach [HiWo97] grundsätzlichen in form-, kraft- oder stoffschlüssig unterscheiden. Form- und kraftschlüssige Gelenke bestehen aus wenigstens zwei Komponenten, die durch die jeweilige Geometrie die Relativbewegung der angeschlossenen Glieder definieren. Stoffschlüssige Gelenke erlauben durch die Verformung des Gelenkmaterials eine Bewegung der Glieder zueinander. Die Agilität dieser Gelenke ist im Wesentlichen durch den Querschnitt im flexiblen Teil und die Wahl des Materials gegeben.

Für das hier entwickelte, ungleichmäßig übersetzende Getriebe werden zwei verschiedene Typen von Gelenken benötigt. Der erste Gelenktyp ist ein Gleitlager oder Drehschubgelenk mit einem Freiheitsgrad $F_g = 2$ (vgl. Abbildung 3-1, links). Die Gelenke dieses Typs werden eingesetzt, um die Schub- / Zugstangen zu führen und gleichzeitig die nötige Drehbewegung um die eigentliche Bewegungsachse zuzulassen (Gelenke g_5 und g_6 aus Kapitel 2).

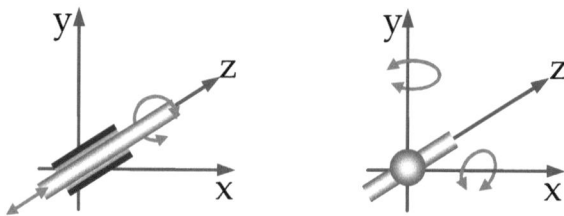

Abbildung 3-1   Erster und zweiter Gelenktyp

Die übrigen fünf Gelenke (g_0 bis g_4) müssen ebenfalls einen Freiheitsgrad $F_g = 2$ aufweisen. Diese Gelenke müssen jedoch die Rotationen um die orthogonal zur Schub- / Zugbewegung stehenden Achsen gestatten (vgl. Abbildung 3-1, rechts).

Die beiden Gleitlager sind in der ohnehin nötigen Lagerung der Schub- / Zugstangen integriert. Ein Vergleich verschiedener Gleitlagerungen aus POM, PEEK, PTFE und Messing zeigt kaum messbare Unterschiede. Ein Einsatz von technisch aufwendigeren Lagern wie Linearkugellagern scheint wegen der geringen auftauchenden Bewegungen und der komplexeren Integration in den Aufbau nicht sinnvoll. Die Gleitlager sind daher aufgrund der einfachen Fertigung und der Eignung zum Einsatz in medizintechnischen Geräten aus POM hergestellt.

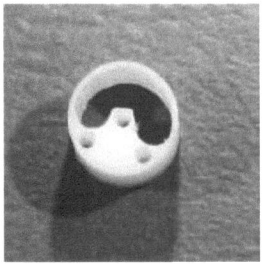 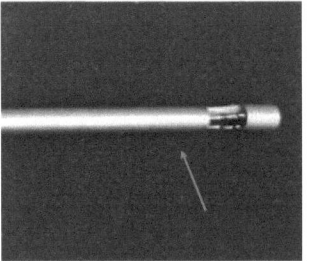

Abbildung 3-2   Gefräste Gleitlagerungen aus POM und deren Position im Endokop

Wie in der Abbildung 3-2 dargestellt, ist die Lagerung im distalen Ende des Schafts direkt vor dem flexiblen Teil eingesetzt.

Für die Gestaltung der übrigen Gelenke werden verschiedene Lösungsansätze verglichen. Neben formschlüssigen kommen hier mehrere stoffschlüssige Gelenke in Betracht. Aufgrund des erheblich komplexeren Aufbaus ließen sich kraftschlüssige Gelenke nicht sinnvoll in die Konstruktion einfügen.

Die erforderlichen Freiheitsgrade lassen sich bei formschlüssiger Verbindung im Wesentlichen mit zwei Gelenkarten erreichen.

 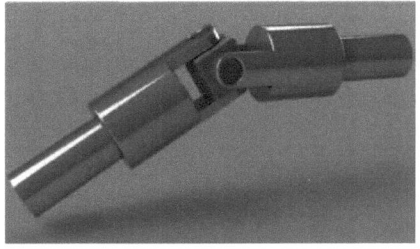

Abbildung 3-3   CAD-Modelle formschlüssiger Gelenke

Gleichlaufgelenke (vgl. Abbildung 3-3, links) ermöglichen die nahezu gleichförmige Übertragung der Drehbewegung einer Antriebs- auf eine Abtriebswelle. Diese auch homokinetisch genannten Gelenke weisen die beiden benötigen Freiheitsgrade auf. Dieser Gelenktyp hat sich in verschiedenen Ausführungen bei Fahrzeugen mit Frontantrieb fast vollständig durchgesetzt, um die Bewegung des Antriebs auf die Räder zu übertragen. Die Gelenke ermöglichen eine gleichmäßige Übertragung der Bewegung trotz der starken Beugungswinkel zwischen An- und Abtriebswelle durch die lenkbaren Räder.

Kardangelenke (vgl. Abbildung 3-3, rechts) übertragen in Abhängigkeit vom Beugungswinkel α_b zwischen den Wellen die Winkelgeschwindigkeit deutlich ungleichmäßiger. Das Verhältnis der Winkelgeschwindigkeiten ist nach [Schr10] gegeben durch:

$$\frac{\omega_2}{\omega_1} = \frac{\cos(\alpha_b)}{1-\sin^2(\varphi_1)\cdot\sin^2(\alpha_b)} \qquad (3\text{-}1)$$

Dabei ist ω_1 die Winkelgeschwindigkeit der Antriebs- und ω_2 die Winkelgeschwindigkeit der Abtriebswelle. Der Drehwinkel der Antriebswelle ist mit φ_1 angegeben. Die Abbildung 3-4 verdeutlicht die Abweichung, die mit steigendem Beugungswinkel α_b einen beträchtlichen Fehler erzeugt.

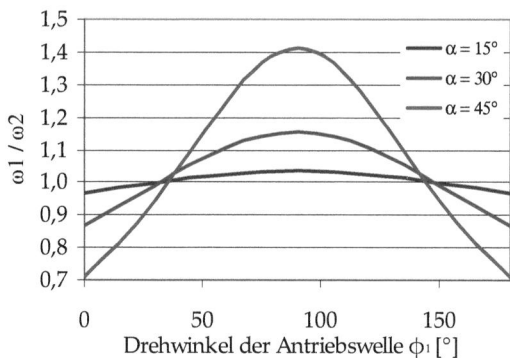

Abbildung 3-4   **Verhältnis der Winkelgeschwindigkeiten als Funktion des Beugungswinkels**

Für den Einsatz in den flexiblen Endoskopen ist dieser Fehler jedoch nicht von Bedeutung, da sich die Schub- / Zugstangen nur geringfügig um die eigene Achse drehen. Aufgrund des höheren Aufwands für die Miniaturisierung, die für den Einsatz der Gelenke zwingend notwendig ist, wird die Entwicklung von Gleichlaufgelenken nicht weiter verfolgt. Kommerziell erhältlich sind diese Gelenke lediglich in den typischen Dimensionen, die für den Einsatz in Kraftfahrzeugen erforderlich sind. Die Beschreibung der Entwicklung verschiedener Kardangelenke erfolgt in Kapitel 3.1.

Stoffschlüssige Gelenke sind durch einen Bereich mit reduzierter Biegesteifigkeit gegenüber dem restlichen Gelenk gekennzeichnet. Die Verminderung der Biegesteifigkeit wird auf verschiedenen Wegen erreicht. Grundsätzlich lassen sich die Gelenke in ein- und mehrteilige Aufbauten unterscheiden. Einteilige Gelenke weisen in der Regel eine Querschnittsverringerung auf. Die Bewegung erfolgt in einer (vgl. Abbildung 3-5 a) oder mehreren Achsen (vgl. Abbildung 3-5 b) um die Querschnittsverringerung.

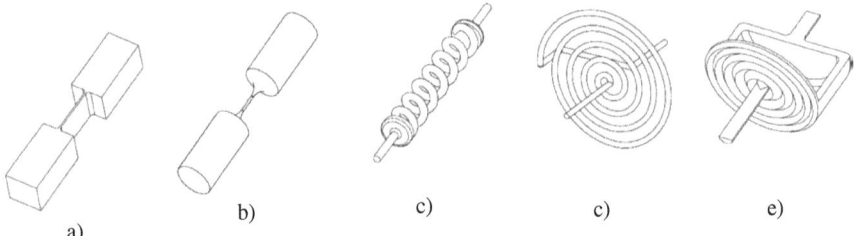

Abbildung 3-5   **Verschiedene Ausführungen von Festkörpergelenken**

Derartige Aufbauten werden unter dem Begriff Festkörpergelenke zusammengefasst. Sie lassen sich auch mehrteilig ausführen, indem der flexible Teil mit dem erforderlichen Querschnitt auf beiden Seiten eingespannt wird.

Eine Variante von stoffschlüssigen Gelenken ersetzt den flexiblen Teil durch eine Feder oder Membran. In der Abbildung 3-5, c - e sind verschiedene Ausführungen von Gelenken dargestellt, welche die nötigen Freiheitsgrade aufweisen.

Eine weitere Möglichkeit ist der Einsatz von Faltenbälgen als flexibles Zwischenstück. In der Abbildung 3-6 sind Metallfaltenbälge dargestellt, die sich grundsätzlich eignen.

Abbildung 3-6   Kontaktfedern mit Goldüberzug [Serv10]

Die Faltenbälge werden aus Nickel galvanisch auf Aluminiumrohlingen abgeschieden. Nach dem Trimmen der überstehenden Enden wird der Aluminiumkern chemisch ausgelöst. Abschließend werden die Faltenbälge gegen Oxidation mit Gold überzogen. Die vielstufige Fertigung und vor allem der Einsatz von verlorenen Formen führen auch bei mittleren Stückzahlen zu relativ hohen Preisen.

Federn oder Membranen als Gelenk erlauben immer eine mehr oder weniger stark ausgeprägte Torsion bei Belastung. Zusätzlich kommt es zu einem erhöhten Bewegungsspiel in dieser Achse, da die Federn oder Membranen sich in dieser strecken und dehnen lassen. Derartig aufgebaute Gelenke scheinen daher wenig aussichtsvoll für den Einsatz in den flexiblen Spitzen und werden nicht weiter betrachtet. Im Folgenden werden die verschiedenen untersuchten Lösungsansätze zu form- und stoffschlüssigen Gelenken, wie auch deren Fertigung näher beschrieben.

3.1   Beschreibung der entwickelten Gelenke und deren Fertigung

Für den Einsatz in den flexiblen Endoskopen werden verschiedene Gelenktypen verglichen. Ein formschlüssiges Gelenk steht dabei mehreren stoffschlüssigen Varianten gegenüber. Alle Gelenke weisen zwei Freiheitsgrade auf, die jeweils orthogonal auf der Schub- / Zugachse stehen (vgl. Abbildung 3-1, rechts).

3.1.1 Formschlüssige Gelenke

Das entwickelte formschlüssige Gelenk ist, wie in Kapitel 3 beschrieben, aufgrund der einfacheren Miniaturisierbarkeit als Kardangelenk ausgeführt (vgl. Abbildung 3-7). Die Fertigung der Gelenke aus nichtmetallischen Werkstoffen wird aufgrund der zu geringen Festigkeit oder der aufwendigeren Bearbeitung, wie beispielsweise bei keramischen Werkstoffen, nicht weiter verfolgt.

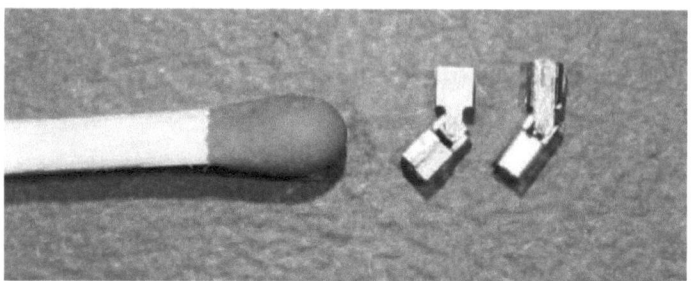

Abbildung 3-7 Entwickeltes Kardangelenk aus V2A und Messing

Die Gelenke sind in Anlehnung an die DIN 808 für Wellengelenke [Din03] so konstruiert, dass sie eine Achsenverkippung von 45° ermöglichen. Der Aufbau der Gelenke ist abweichend vom typischen Aufbau mit zweiteiligen, gabelförmigen Wellenendstücken ausgeführt (vgl. Abbildung 3-8, unten). In jeder Hälfte ist ein Teil der Wellenstummel integriert, die üblicherweise (vgl. Abbildung 3-8, oben) auf dem zentralen Mittelteil, dem Zapfenstück sitzen.

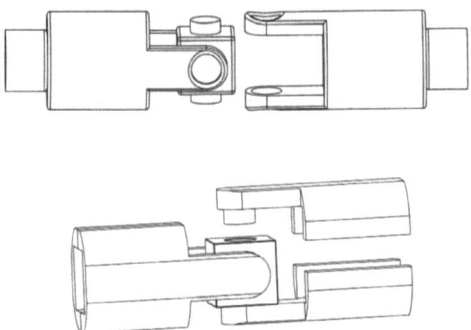

Abbildung 3-8 Vergleich des typischen (oben) und des neu entwickelten Aufbaus der Kardangelenke (unten)

Frühe Gelenkprototypen mit Wellenstummeln auf dem zentralen Teil ließen sich aufgrund der geringen Dimensionen weder mit eingestecktem noch mit gefrästem Wellenende auf dem Zapfenstück erfolgreich umsetzen.

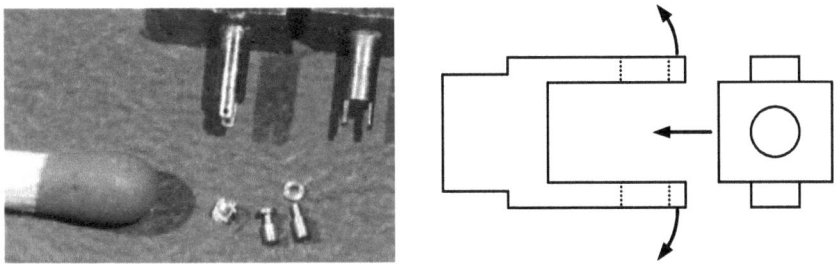

Abbildung 3-9 Foto und Zeichnung der nicht eingesetzten Varianten

Wie in der Abbildung 3-9 zu erkennen ist, lassen sich derartige Gelenke zwar fertigen, jedoch kommt es bei der Montage zu erheblichen Schwierigkeiten. Die eingeschobenen Wellen sind aufgrund der winzigen Dimensionen kaum mehr auf dem zentralen Zapfenstück zu befestigen. Der Ansatz mit gefrästen Wellenstummeln auf dem Zapfenstück führt beim Einsetzen in die Gabelstruktur durch das nötige Auseinanderbiegen trotz der geringen Wege zu plastischen Verformungen der Gabel.

Der zweiteilige Aufbau wird ohne Stege von zwei Seiten gefräst. Dieses Vorgehen bei der Fertigung hat sich gerade für die kleinen Dimensionen bewährt. Es lassen sich Werkstücke herstellen, die von mehreren Seiten mit 2½ D-Strukturen versehen sind. Eine Fertigung mit Stegen, die beim Umspannen auf die andere Seite stehen bleiben und erst am Ende der Fertigung entfernt werden, ist kaum möglich, da die Stege größer sein müssten als die eigentlichen Strukturen, um eine ausreichende Stabilität für die spanende Bearbeitung zu ermöglichen.

Für eine stegfreie Bearbeitung wird nach dem Fräsen der Oberseite die erzeugte Struktur mit einem Zwei-Komponenten-Polymer vergossen (vgl. Abbildung 3-10 Schritt 1 und 2).

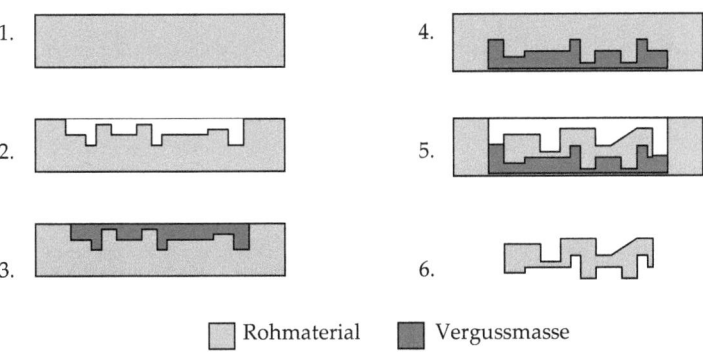

Abbildung 3-10 Ablauf der zweiseitigen Fertigung ohne Stege

Das Zwei-Komponenten-Vergussmittel Technovit 5071 ist bereits nach einigen Minuten vollständig ausgehärtet. Die Abbildung 3-11 zeigt die einseitig bearbeiteten Formen vor und nach dem Vergießen.

 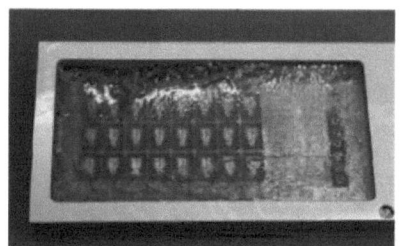

Abbildung 3-11 Formen ohne und mit Vergussmittel

Nach dem Umspannen lässt sich die andere Seite der Strukturen fräsen (Schritt 4 und 5 in der Abbildung 3-10). Zuletzt wird das Werkstück mit dem Vergussmittel (vgl. Abbildung 3-12) in Aceton eingelegt, bis sich das Vergussmittel in diesem aufgelöst hat.

 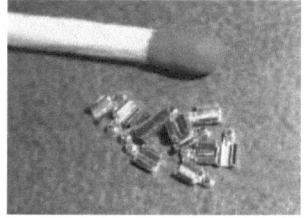

Abbildung 3-12 Gelenkteile aus V2A in Technovit vor und nach dem Auslösen in Aceton

Um die Fertigungsstrategie zu überprüfen, wurden die Gelenke zunächst aus Messing angefertigt. Der abschließende Aufbau erfolgt wegen der höheren Stabilität und vor allem wegen der einfacheren Zulassung als medizinisches Instrument aus V2A [Wint98].

Nach dem Auslösen aus der Vergussmasse und einem anschließenden Reinigen werden die Kardangelenke montiert. Zwei Gabelhälften werden zunächst mit einem Flussmittel an den, in der Abbildung 1-12, links in Grau dargestellten, Kontaktstellen behandelt.

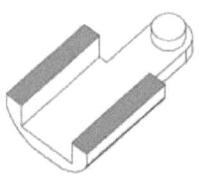 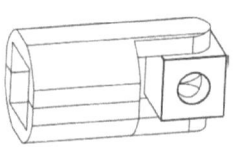 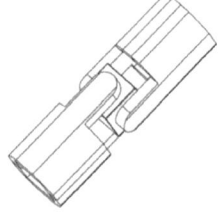

Abbildung 3-13 Gabelhälfte mit in Grau markierten Kontaktstellen und Montageschritte

Anschließend wird auf diese eine feine Schicht Lot aufgetragen. Im nächsten Schritt werden die beiden Hälften aufeinander gesetzt, dabei wird auch das Mittelstück eingesetzt. Die erste Gelenkhälfte wird jetzt soweit erhitzt, bis sich das Lot zwischen den Kontaktstellen verflüssigt (vgl. Abbildung 3-13, Mitte). Nach dem Abkühlen werden die beiden anderen Hälften analog zu den ersten auf das Mittelstück gesetzt und ebenfalls vorsichtig erwärmt.

Die aufgebauten Kardangelenke weisen auf der Seite für den Achsenanschluss eine quadratische Öffnung auf, in die jeweils eine runde Achse eingefügt wird. Der Querschnitt wurde gewählt, um ausreichend Platz für eine Klebeverbindung zwischen Achse und Welle zu erhalten.

Alternativ zur spanenden Fertigung der Gelenke wurde in Zusammenarbeit mit der Firma EOS (Electro Optical Systems) aus München die Möglichkeit eines lasergesinterten Aufbaus untersucht. Beim diesem Verfahren lassen sich hochkomplexe Geometrien in einem Schichtaufbauverfahren herstellen. In drei repetitiven Schritten wird ein Modell schichtweise aufgebaut.

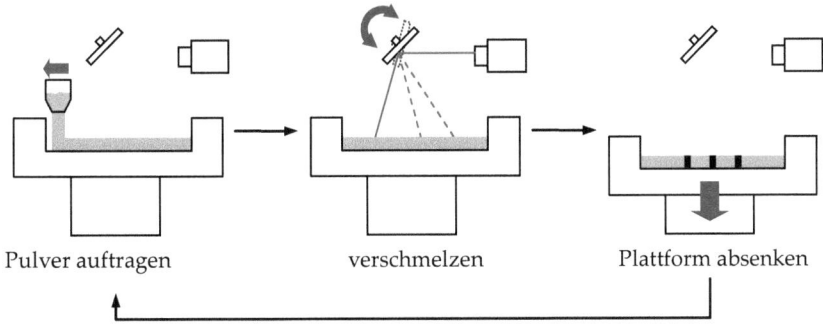

Abbildung 3-14 Ablauf beim Lasersintern

Im ersten Schritt wird eine Pulverschicht des Rohmaterials auf die Arbeitsplattform aufgetragen. Bei Metallpulver liegt die Schichtdicke je nach gewünschter Auflösung zwischen 20 und 100 µm. Anschließend wird beim Belichten ein Laserstrahl mit zwei Umlenkspiegeln über die aktuelle Schicht geführt, der das Pulver auf der aktuellen Schnittfläche schmilzt und so verfestigt. Im dritten Schritt wird die Arbeitsplattform um die jeweilige Schichtdicke nach unten verfahren, um anschließend die nächste Schicht Pulver aufzutragen.

Durch den geschichteten Aufbau sind bei diesem Verfahren Hinterschnitte an Werkstücken möglich, die bei konventionellen Fertigungsverfahren ausgeschlossen sind. Die typischen Genauigkeiten liegen für die Metallbearbeitung zurzeit bei unter 20 µm [Rege04]. Diese stiegen in den letzten Jahren kontinuierlich an und eine weitere Verbesserung ist zu erwarten. Inzwischen lassen sich mit dem selektiven Lasersinter-Verfahren Edelstahlteile mit Härten von 45 HRC herstellen. Zusammen mit der Firma EOS ist daher die Fertigung eines vollständig montierten Kardangelenks untersucht worden.

Beim geschichteten Sintern der Gelenke aus Metallpulver sind nach Aussage der Firma EOS Stützstrukturen unter dem eigentlichen Bauteil nötig, da dieses sonst in das Pulverbett einsinken würde. Ähnlich wie bei der spanenden Fertigung mit verbleibenden Stegen ist hier mit großen Schwierigkeiten beim Entfernen der Stützstrukturen zu rechnen. Zudem sind die erreichbare Oberflächengüte und die kleinste mögliche Spaltbreite voraussichtlich nicht ausreichend, um die Gleitlager der Gelenke fertig montiert zu sintern. Es werden daher keine Gelenke im beschriebenen Lasersinterverfahren hergestellt.

3.1.2 Stoffschlüssige Gelenke

Für den Einsatz von stoffschlüssigen Gelenken spricht neben dem einfachen Aufbau die spiel- und reibungsfreie Bewegungsübertragung. Im Gegensatz zu formschlüssigen Gelenken ist die Abhängigkeit von der Fertigungsgenauigkeit erheblich geringer. Gerade bei den winzigen Dimensionen der Gelenke haben Abrieb und die Einwirkung von Fremdkörpern einen enormen Einfluss auf die Funktion der Gelenke.

Wie in Kapitel 3 ausgeführt, werden für den Einsatz in den flexiblen Endoskopen verschiedene stoffschlüssige Gelenkverbindungen untersucht. Alle Gelenke weisen eine durch Querschnitts- und Materialänderung erhöhte Nachgiebigkeit zwischen zwei festen Einspannungen auf.

Für den flexiblen Teil der Gelenke werden die in der Tabelle 3-1 aufgeführten Materialien in Kombination mit den verschiedenen Verbindungstechniken zu den festen Einspannungen untersucht. Bei der Auswahl der Materialien und der Verbindungstechniken wurden neben der Eignung zum Einsatz in Medizinprodukten vorrangig die hohe Flexibilität der Materialien und eine einfache Montage berücksichtigt.

Material	Verbindungstechnik
Federstahldraht 1.4310	Kleben, Löten, Schweißen, Crimpen
Formgedächtnis-Legierung NiTi	
Teflon	Formschluss, Kleben
Silkon	

Tabelle 3-1 Materialien und Verbindungstechniken für stoffschlüssige Gelenke

Metallische stoffschlüssige Gelenke

Der Aufbau der Gelenke mit dem flexiblen Mittelstück aus Metall ist in der Abbildung 3-15 dargestellt. Die beiden starren Einspannungen 1 weisen eine zentrische Bohrung auf, in die der flexible Teil 2 montiert ist.

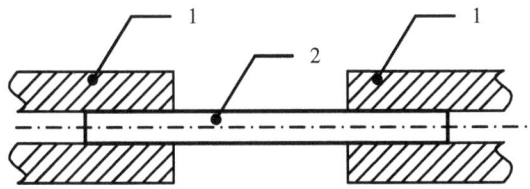

Abbildung 3-15   Aufbau der Gelenke mit metallischem Mittelstück

Erste Voruntersuchungen zeigen, dass Federstahl unabhängig von der Verbindungsart als Werkstoff ungeeignet ist. Bei den nötigen kleinen Biegeradien und den gleichzeitig großen Biegewinkeln (vgl. Kapitel 3.2) wird die Dehngrenze bereits überschritten, und es kommt schnell zu bleibenden Verformungen.

Alternativ zu den stoffschlüssigen Gelenken aus Federstahl wird der Einsatz von pseudo-elastischen Nickel-Titan-Legierungen (NiTi) untersucht. Diese, aus Vermarktungsgründen auch als superelastische Verbindungen bezeichneten Legierungen, ermöglichen eine um den Faktor 10 höhere elastische Dehnung als Stahl [Stöc87]. Inzwischen haben sich die pseudo-elastischen NiTi-Legierungen in mehreren Bereichen der Medizintechnik als Konstruktionswerkstoff durchgesetzt. Neben der Biokompatibilität haben die außerordentliche Elastizität und der so genannte Form-Gedächtnis-Effekt des Materials zu einer Vielzahl von Produkten, wie beispielsweise Stents, Katheter und Instrumenten für die minimal-invasive Chirurgie geführt [Duer96].

Das pseudo-elastische Verhalten beruht auf einer reversiblen martensitischen Phasenumwandlung. Diese hat eine hohe Dehnung bei nur geringer Spannungszunahme zur Folge. Die Abbildung 3-16 zeigt das typische Materialverhalten bei einer Be- und Entlastung.

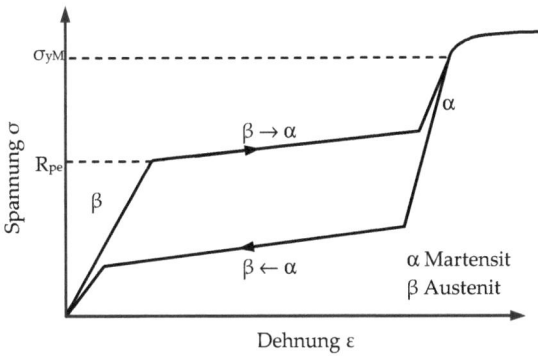

Abbildung 3-16   Typisches Spannungs-Dehnungs-Diagramm von NiTi-Legierungen

Mit ansteigender Belastung wandelt sich das Austenit ab einer Plateauspannung R_{pe} spannungsinduziert in Martensit um. Diese scheinbar elastische Verformung entsteht durch die diffusionslose

Bildung von unverzwillingtem Martensit aus dem Austenit. Am Ende des Plateaus ist das Austenit vollständig in spannungsinduziertes Martensit umgewandelt.

Wird das Material weiter belastet, kommt es zunächst zu einer weiteren elastischen, dann plastischen Verformung bis hin zum Bruch. Bei Entlastung des Materials vor dem Erreichen der tatsächlichen Streckgrenze σ_{yM} wird eine Hysterese durchlaufen. Die Verformung ist in diesem Fall vollständig reversibel [Raat06]. Die Dehnung von NiTi-Legierungen beträgt abhängig von den Legierungsanteilen etwa acht Prozent.

Das pseudo-elastische Verhalten von NiTi-Legierungen tritt nur in einem bestimmten Temperaturbereich auf. Dieser muss zwischen der Martensit-Start-Temperatur M_s und der Grenztemperatur zur Bildung von spannungsinduziertem Martensit M_d liegen. Unterhalb dieses Bereichs erfolgt bei Belastung eine pseudo-plastische Dehnung, die durch Temperaturerhöhung (über die Austenit-Start-, bis zur Austenit-Finish-Temperatur) reversibel ist. Dieser sogenannte Memoryeffekt wird inzwischen in verschiedenen Bereichen als Aktor eingesetzt. Oberhalb des Bereichs kommt es nicht mehr zu pseudo-elastischen Dehnungen, das Material zeigt dann ein konventionelles Verhalten [Stöc87].

Für den Einsatz in den Gelenken wird daher NiTi-Draht in mehreren Durchmessern mit einer Martensit-Start-Temperatur M_s = -18°C und einer Grenztemperatur zur Bildung von spannungsinduziertem Martensit M_d = 140°C gewählt [Euro10].

Der flexible Teil der Gelenke aus der NiTi-Legierung ist von beiden Seiten in einem dünnwandigen Rohr aus V2A eingefasst. Der Innendurchmesser der Rohre ist an die jeweiligen Durchmesser des NiTi-Drahts angepasst. Die Rohre werden gleichzeitig als Schub- / Zugstangen eingesetzt, da die nötige Stabilität gegeben ist und dadurch auf eine weiter Verbindungsstelle zu den Schub- / Zugstangen verzichtet werden kann.

Als Verbindung zwischen den Edelstahlrohren und dem NiTi-Draht werden unterschiedliche Ansätze verglichen. Neben mehreren geklebten Verbindungen und dem Einsatz von Schweiß- und Lötverbindungen wird eine kraftschlüssige Crimpverbindung untersucht.

Die Versuche eine stabile weichgelötete Verbindung zwischen dem NiTi-Draht und den Edelstahlröhrchen herzustellen, führten trotz Einsatz verschiedener Flussmittel und einer vorher galvanisch aufgebrachten Silberschicht auf dem NiTi-Draht zu keinem Erfolg. In [DeTi04] wird eine Vorbehandlung beschrieben, bei der zunächst die Oxidschicht auf der Drahtoberfläche durch eine mehrstufige Beizbehandlung entfernt wird. Anschließend ist eine Kupferschicht galvanisch aufzutragen. Der Lötvorgang erfolgt dann unter Verwendung eines Aluminium-Zinn-Lotes. Diese Art der Vorbehandlung scheint jedoch gegenüber den übrigen Verbindungsverfahren deutlich aufwändiger.

Untersuchungen aus der Kieferchirurgie zeigen, dass geschweißte Verbindungen zwischen NiTi-Drähten zwar durchaus sehr haltbar sein können, allerdings nur, wenn die Drähte mit NiTi-Drähten verschweißt werden [Madj05]. Auch in [DeTi00] werden große Schwierigkeiten beim Verschweißen von Titanlegierungen beschrieben. Im Wesentlichen ergeben sich diese durch die auftretende Versprödung nach dem Schweißen.

Als Klebstoffe zur Verbindung von Edelstahlrohren und NiTi-Draht wird ein Cyanacrylat-Klebstoff (Loctite 401) mit einem Zwei-Komponenten-Epoxidharz (Loctite 3430) verglichen. Die im Ultraschallbad mit Aceton gereinigten Bauteile werden in den in der Tabelle 3-2 angegebenen Abmaßen ineinander geschoben und verklebt. Für den Aufbau der Gelenke und deren Test wurden verschiedene Spaltmaße angesetzt, um so die haltbarste Verbindung auf experimentellem Weg zu ermitteln.

Aussendurchmesser Rohr [mm]	Wandstärke Rohr [mm]	Durchmesser NiTi-Draht [mm]	Spaltbreite für Klebstoff [mm]
1,50	0,50	0,30	0,10
1,50	0,50	0,40	0,05
1,50	0,50	0,50	< 0,05
1,40	0,50	0,30	0,05
1,40	0,50	0,40	< 0,05
1,00	0,30	0,30	0,05
1,00	0,30	0,40	< 0,05
1,00	0,25	0,30	0,10
1,00	0,25	0,40	0,05
1,00	0,25	0,50	< 0,05

Tabelle 3-2   Auflistung der Kombinationen von Rohrinnendurchmessern und Drahtstärken

Alle NiTi-Drähte sind vom Hersteller mit negativen Toleranzen angegeben und lassen sich daher auch bei einem rechnerischen Spalt von 0 mm in den Edelstahlrohren verkleben. Die eingeklebte Länge der Drähte in den Rohren ist bei allen Verbindungen 6 mm.

Alle in der Tabelle 3-2 aufgeführten Kombinationen von Draht und Rohr werden als Vergleich mit kraftschlüssigen Crimpverbindungen untersucht. Dazu wird jeweils der NiTi-Draht (3) (vgl. Abbildung 3-17) mit einer Länge von wiederum 6 mm in die Röhrchen (2) eingeschoben. Anschließend werden die Röhrchen in einer Vorrichtung (1) platziert, die ein definiertes Zusammenquetschen derselben in einer Kniehebelpresse erlaubt.

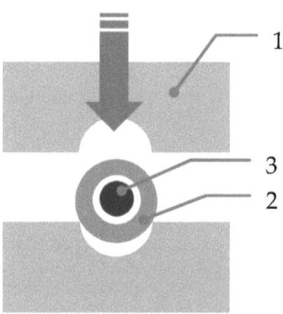

Abbildung 3-17   Schematische Darstellung der Vorrichtung zum Crimpen

In Voruntersuchungen wurden unterschiedliche Methoden zum Crimpen der Verbindung verglichen. In der Abbildung 3-18 sind verschiedene Ergebnisse dieser Versuche dargestellt. Dabei zeigt sich, dass die Verbindung mit Hilfe der beschriebenen Vorrichtung die am besten zu reproduzierenden und haltbarsten Ergebnisse liefert. Für alle folgenden Versuche werden daher nur Verbindungen eingesetzt, die wie oben beschrieben hergestellt sind.

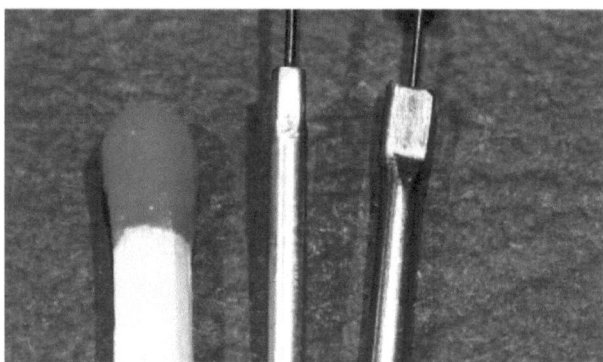

Abbildung 3-18   Ergebnisse der verschiedenen Crimparten, die endgültige Form in der Mitte

Stoffschlüssige Polymergelenke

Neben den stoffschlüssigen Gelenken aus Metall wurden mehrere Polymergelenke aufgebaut und untersucht. Dabei lassen sich die stoffschlüssigen Polymergelenke grundsätzlich durch die Art der Verbindung zu den anderen Getriebeteilen unterscheiden.

In der Abbildung 3-19 ist der prinzipielle Aufbau der zunächst untersuchten Verbindung der Polymergelenke mit den angeschlossenen Gliedern sowie ein Bild der gefertigten Gelenke dargestellt.

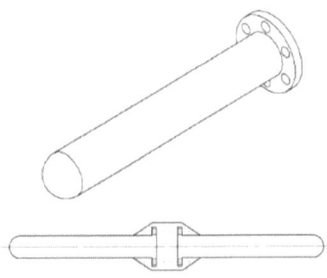 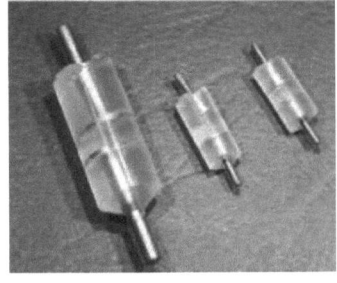

Abbildung 3-19 Links: Prinzip der Verbindung, aufgebaute Gelenke (rechts)

Zur Fertigung der Gelenke werden zwei Anschlussstücke mit einem Elastomer vergossen. Die beiden Metallteile sind an den aufeinander zeigenden Enden mit einem Kragen versehen, der mehrere Bohrungen aufweist (vgl. Abbildung 3-19, links oben), um ein Verdrehen der Anschlussstücke gegeneinander zu vermeiden.

Aufgrund der kleinen Abmessungen von unter 2 mm Durchmesser pro Gelenk ist die Stabilität derartiger Gelenke jedoch nicht gegeben. Die Gelenke reißen bereits bei einer Zugbelastung von 0,3 N auseinander.

Alle anderen untersuchten Polymergelenke sind stoffschlüssig an den übrigen Getriebeteilen befestigt. Die Abbildung 3-30 zeigt den prinzipiellen Aufbau der Gelenke.

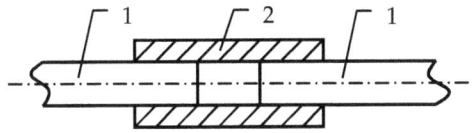

Abbildung 3-20 Aufbau der Gelenke mit Polymerschlauch

Das Gelenk (2) ist als Silikon- oder PTFE-Schlauch ausgeführt. Dieser ist auf den Schub- / Druckstangen (1) aufgeklebt. Die Anschlussstellen sind aufgeraut oder mit einem Gewinde versehen, um die Haltbarkeit der Klebeverbindung zu verbessern. Für die Verbindung werden zwei Klebstoffe auf Cyanacrylat-Basis verwendet. Derartige Klebstoffe werden in verschiedenen medizinischen Fachdisziplinen seit den 50er Jahren des 20. Jahrhunderts zum Wundverschluss erfolgreich eingesetzt [Alam99].

Vor dem Aufkleben werden die Anschlussstellen auf den Schub- / Druckstangen und die Innenseite der Polymerschläuche im Ultraschallbad mit Isopropanol gereinigt. Für die erste geklebte Verbindung wird anschließend direkt der Klebstoff (Loctite 401) auf die Anschlussstellen aufgetragen und die Teile zusammengeführt.

Bei der zweiten Klebeverbindung werden die Polymerschläuche zunächst von innen mit einem Primer (Loctite 770) gespült. Dieser ermöglicht beim PTFE das Kleben und erhöht bei Silikon die Haltbarkeit der Klebeverbindung. Nachdem der Primer getrocknet ist, wird der zweite Klebstoff (Loctite 406) auf die Anschlussstellen aufgetragen und die Teile werden zusammengeführt. Dabei ist noch mehr als bei dem ersten Klebstoff darauf zu achten, das Verkleben schnell durchzuführen, da die Endfestigkeit durch den eingesetzten Primer äußerst schnell eintritt.

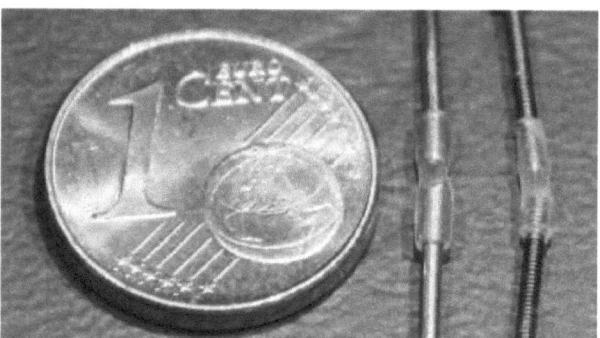

Abbildung 3-21 **Polymergelenke mit Gewinde und aufgerauter Oberfläche am Anschlussstück**

In der Abbildung 3-21 sind Silikongelenke mit Gewinde oder aufgerauter Oberfläche an der Anschlussstelle dargestellt. Vergleicht man die verschiedenen formschlüssigen Verbindungen der Polymergelenke, sprechen für die verklebten Gelenke die wesentlich einfachere Fertigung und Montage sowie der deutlich kleinere Durchmesser der aufgebauten Gelenke.

Voruntersuchungen zeigen, dass der Einsatz von PTFE nicht geeignet ist. Die Gelenke sind erheblich geringer auf Zug belastbar als die Gelenke aus Silikonschlauch und erfordern höhere Kräfte zum Verbiegen. Zudem ist eine Materialermüdung bereits nach wenigen Biegezyklen zu erkennen. Es kommt zu einer bleibenden plastischen Verformung und einer Materialeinschnürung an der Biegestelle.

3.2 Experimentelle Untersuchung der entwickelten Gelenkarten

Für den Einsatz in flexiblen Endoskopen ist die sichere Funktionsfähigkeit der entwickelten Gelenktypen, insbesondere durch den medizinischen Einsatzbereich, von großer Bedeutung. Alle entwickelten Gelenktypen (vgl. Abbildung 3-22) wurden in verschiedenen Untersuchungen bezüglich ihrer Belastungsgrenzen und der Degeneration als Funktion des Gebrauchs miteinander verglichen. Zunächst wurden dazu einzelne Gelenke untersucht. Anschließend erfolgte eine Vermessung der Eigenschaften von Gelenken, die in Modellen der flexiblen Endoskopspitze montiert sind.

Abbildung 3-22 NiTi-Gelenke, Polymergelenke Kardangelenke,

Zur Auswertung der Versuchsergebnisse werden im Folgenden die in der Abbildung 3-23 aufgeführten Bezeichnungen für die Dimensionen der Hüllrohre verwendet.

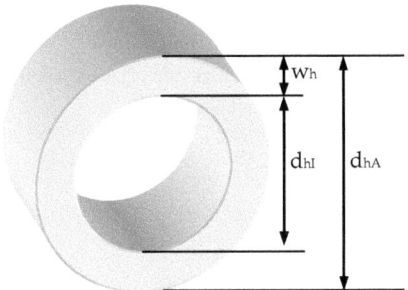

Abbildung 3-23 Skizze der eingesetzten Hüllrohre und der hierfür verwendeten Maße

3.2.1 Einachsige Zugbelastbarkeit

Die Untersuchung der Zugbelastbarkeit der Gelenke wurde mit einer Zwick-Universalprüfmaschine 1546 durchgeführt. Die Gelenke (1) wurden dazu zwischen zwei Halterungen (2) eingespannt (vgl. Abbildung 3-24). Die Halterungen wurden für die Versuche mit einer Geschwindigkeit von 10 mm / min auseinander gezogen. In einer der Halterungen ist eine Kraftmessdose (3) integriert, mit der die auftretenden Kräfte gemessen wurden. Gleichzeitig wurde der zurückgelegte Weg aufgezeichnet. Um einen aussagekräftigen Mittelwert zu erhalten, wurden jeweils 25 Gelenke vom gleichen Typ vermessen.

Abbildung 3-24   Links: Einspannung für die Gelenke, mittig: Detailaufnahme eines eingespannten Gelenks, rechts: Prüfmaschine der Firma Zwick

Die Ergebnisse der Messungen für die verschiedenen Gelenktypen sind nicht direkt miteinander vergleichbar und daher im Folgenden einzeln beschrieben.

In der Abbildung 3-25 sind charakteristische Ergebnisse für die Messungen an Polymergelenken dargestellt. Die Gelenke lassen sich im Vergleich zu den eigenen Abmessungen sehr weit auseinander ziehen, bevor es zur Zerstörung der Proben kommt.

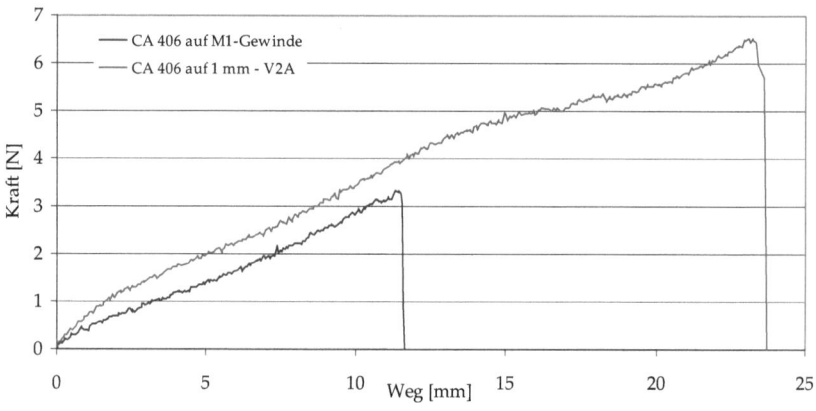

Abbildung 3-25   Typischer Verlauf der Zugversuche für die geklebten Verbindungen

Es wurden zwei Kontaktflächen für die Klebeverbindung zwischen dem Silikonschlauch und den Schub- / Zugstangen verglichen. Gelenke, bei denen der Silikonschlauch auf einem M1-Gewinde aufgeklebt ist, lassen sich im Mittel um 13,5 mm auseinander ziehen, bevor die Verbindung im Bereich der verklebten Flächen reißt. Dabei lassen sich Kräfte von 3 N messen. Ist der Silikonschlauch auf einem Edelstahlstab mit sandgestrahlter Oberfläche aufgeklebt, dehnt dieser sich vor dem Zerreißen im Mittel um 23 mm. Die gemessenen Kräfte betragen 6,5 N. Der Anstieg der Kraft mit dem zurückgelegten Weg ist für beide Gelenkarten gleich, da dasselbe Material für den Silikonschlauch verwendet wird. Durch die größere Kontaktfläche ist die zweite Gelenkart jedoch deutlich haltbarer.

Alle gemessenen Kraftverläufe aus den Zugversuchen mit den geklebten NiTi-Gelenken unterscheiden sich grundsätzlich von den Messungen mit den Silikongelenken. Nach einem starken Anstieg der gemessenen Kraft bis zu einem zurückgelegten Weg von 0,05 mm fällt diese langsam wieder ab und sinkt schließlich schlagartig auf Null (vgl. Abbildung 3-26). Der Verlauf ist mit einem schnellen Herausreißen des NiTi-Drahts aus der Klebeverbindung zu erklären. Anschließend wird der Draht bei abfallender Kraft durch den Klebstoff im Hüllrohr gezogen, bis er schließlich vollständig herausgezogen ist und die aufgenommene Kraft auf Null sinkt.

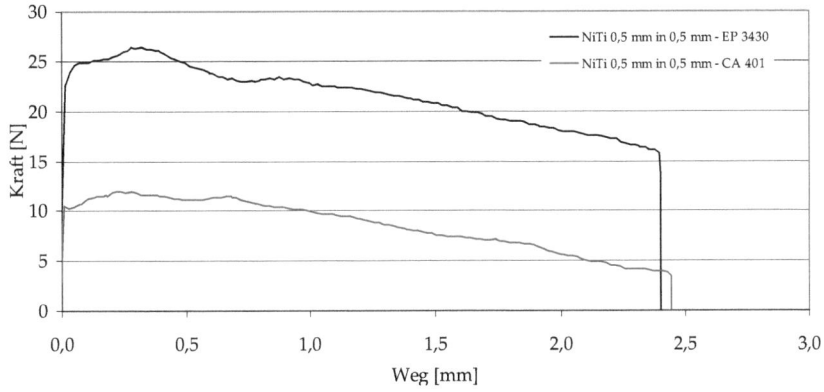

Abbildung 3-26   Charakteristischer Verlauf der Zugversuche für geklebten NiTi-Draht

Für die Klebeverbindung mit Epoxidharz lassen sich Kräfte von 24 N messen. Die zulässige Zugkraft für die mit CA 401 verklebten Gelenke ist mit 11 N nur etwa halb so groß.

Die Abbildung 3-27 zeigt zwei typische Verläufe der Zugversuche von Ni-Ti-Gelenken mit gecrimpten Verbindungen an den Schub- / Zugstangen. Bei ersten Messungen zeigte ein Teil der Gelenke das in Orange dargestellte Verhalten. Bei diesen Gelenken löst sich die Crimpverbindung während des Versuchs. Der NiTi-Draht wird langsam und undefiniert aus dem Hüllrohr gezogen. Dieses Verhalten ist mit steigendem Spalt zwischen dem Draht und dem Hüllrohr vor dem Crimpen häufiger zu beobachten. Für die nachfolgenden Messungen wurden daher neue Gelenke aufgebaut, bei denen die Crimpverbindung mit höherer Präzision und Kraft in der in Kapitel 3.1.2 beschrieben Form erzeugt wird.

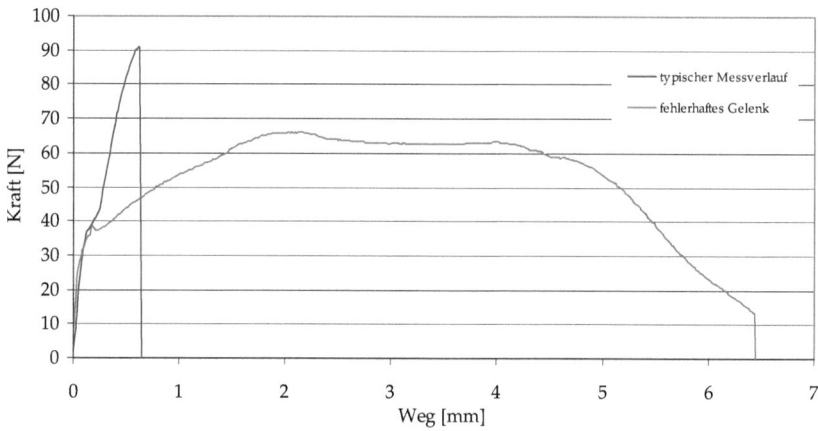

Abbildung 3-27 Zugversuche mit 0,3 mm-NiTi-Draht in 1,0 x 0,25 mm-Rohr gecrimpt

Die in der Abbildung 3-27 blau dargestellte Messkurve repräsentiert den Kraftverlauf für die neu hergestellten NiTi-Gelenke. Der Draht wird zunächst gestreckt und reißt nach einer Verlängerung von etwa 0,5 mm ab. Es ist allerdings davon auszugehen, dass sich der zurückgelegte Weg aus mehreren Faktoren zusammensetzt. Um die Gelenke in der Zugprüfmaschine vermessen zu können, mussten zunächst zwei Adapter aufgebaut werden, um die Proben von beiden Seiten einzuspannen. Diese wurden wiederum in den an der Maschine vorhanden Spannbacken eingespannt, da sich mit diesen die kleinen Gelenke nicht einspannen lassen. Der gemessene Weg setzt sich also vermutlich aus einer Längenänderung der Gelenkdrähte, der Hüllrohre und der Adapter zusammen. Zusätzlich ist ein Verrutschen der Adapter in den eigentlichen Spannzangen nicht auszuschließen. Da für die Zugversuche vorrangig die maximal erreichbaren Kräfte von Interesse sind, um die Belastbarkeit der Gelenke sicherzustellen, wird der möglicherweise auftauchende Fehler in der Wegmessung in Kauf genommen.

Eine Auswertung aller Messungen mit gecrimpten Ni-Ti-Gelenken ist in der Abbildung 3-28 dargestellt.

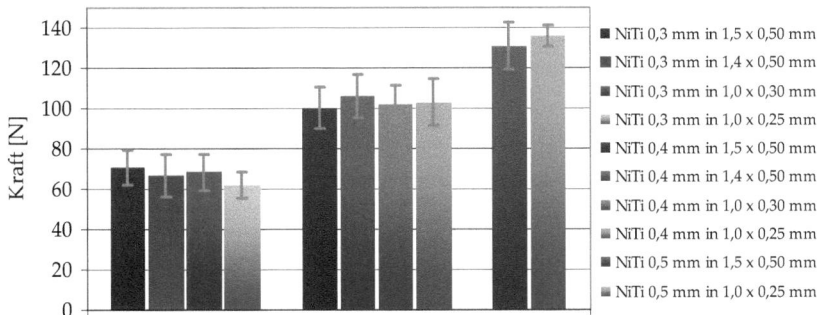

Abbildung 3-28 Gemittelte Ergebnisse der Zugversuche für gecrimpte NiTi-Drahtgelenke. Der Fehlerbalken gibt die mittlere Abweichung wieder

Insgesamt ist eine Steigerung der zulässigen Zugkraft mit steigendem Drahtdurchmesser zu beobachten. Für alle Kombinationen von Drahtdurchmessern und Hüllrohrdimensionen ist eine mittlere Kraft von wenigstens 60 N messbar. Die in Grau dargestellten Abweichungen betragen dabei für alle Drahtdurchmesser im Mittel 10 N.

Die vom Hersteller [Euro10] angegebene Zugfestigkeit von wenigstens 1.100 MPa ergibt für einen Drahtdurchmesser von 0,3 mm eine maximale Last von 78 N vor dem Bruch. Für 0,4 mm resultieren 138 N und für 0,5 mm 215 N. Die gemessenen Ergebnisse liegen bei allen Drähten unterhalb dieser Werte. Diese Verringerung ist zumindest teilweise durch den Herstellungsprozess der Gelenke bedingt.

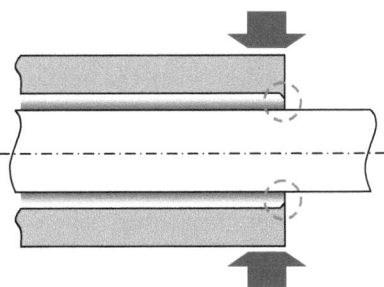

Abbildung 3-29 Darstellung des Grats an der Innenkante der Hüllrohre vor dem Crimpen

Die Hüllrohre für die Aufnahme des Drahts weisen vor dem Crimpen an der Innenkante einen Grat auf, der beim Zusammenquetschen auf den Draht drückt (vgl. Abbildung 3-29). Es ist neben der Querschnittsänderung des Drahts beim Crimpen also zusätzlich eine Kerbwirkung an der Drahtoberfläche zu erwarten.

3.2.2 Aufzubringende Kräfte an den Schub- / Zugstangen

Mit einer weiteren Versuchsanordnung wurde für die verschiedenen Gelenktypen nachgewiesen, dass die in den Zugversuchen ermittelte Festigkeit der Gelenke ausreichend für die Bewegung der flexiblen Endoskopspitze ist.

Zunächst wurden Funktionsmuster von flexiblen Endoskopen aufgebaut und die verschiedenen Gelenke integriert. In einem Messstand wurde anschließend die aufgebrachte Kraft über den zurückgelegten Weg der Schub- / Zugstangen beziehungsweise die Auslenkung der flexiblen Spitze gemessen. Der Versuchsstand ist in der Abbildung 3-30 dargestellt.

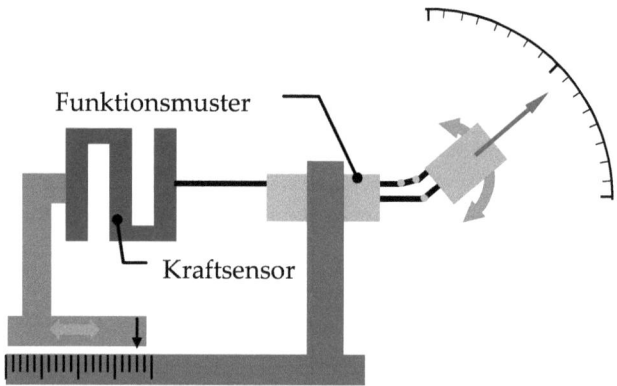

Abbildung 3-30 Versuchsstand zum Messen der für die Spitzenbewegung notwendigen Kraft

Während der Versuche wurde eine der beiden Schub- / Zugstangen in einer definierten Stellung arretiert. Anschließend wurde die andere Schub- / Zugstange verfahren. Dabei wurden der Weg und die notwendige Kraft zum Auslenken aufgezeichnet. Die Wegänderung wurde mit einer Mikrometerschraube erzeugt. Die Kraftmessung erfolgte mit einem einachsigen Kraftsensor, der als s-förmiger Biegebalken mit einer DMS-Vollbrücke ausgeführt ist. Die Winkelmessung wurde mit einem an der Spitze befestigten Zeiger durchgeführt, der über einer Winkelskala verfährt.

In der Abbildung 3-31 sind die typischen Kraftverläufe für die verschiedenen Gelenktypen über dem Verfahrweg einer Schub- / Zugstange dargestellt. Die zweite Schub- / Zugstange war während der Messungen nicht ausgelenkt.

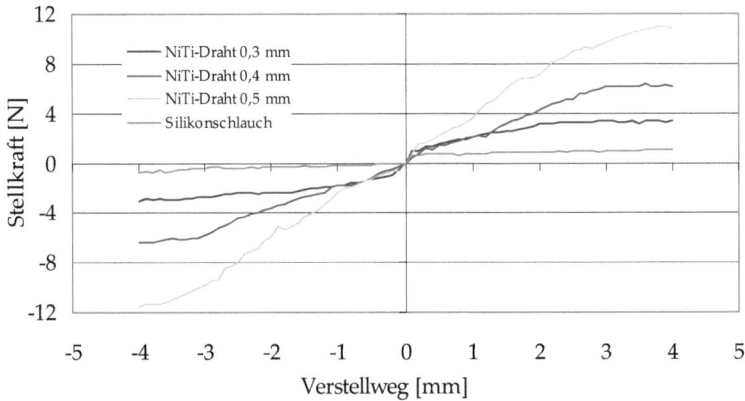

Abbildung 3-31   Kräfte an den Schub- / Zugstangen in Abhängigkeit der Auslenkung für verschiedene Gelenktypen

Zum Auslenken der flexiblen Spitze in einer Achse sind abhängig vom Gelenktyp zwischen ± 2 N und ± 12 N notwendig. Die Bewegung der Schub-/ Zugstangen um 4 mm in positiver Richtung entspricht einem Knicken der Spitze um ca. 70°. In negativer Richtung erzeugt dieser Weg ein Abknicken der Spitze um ca. 50°. Erwartungsgemäß werden die geringsten Kräfte für die Bewegung der Silikongelenke benötigt, für die NiTi-Gelenke steigt die erforderliche Kraft mit dem Durchmesser des Drahts. Für alle Gelenke ist die gemessene Kraft mit geringfügigen Abweichungen nur vom zurückgelegten Weg, nicht aber von dessen Richtung abhängig.

Die Messergebnisse für die Funktionsmuster mit Kardangelenken sind nicht im Diagramm eingetragen, da die auftauchenden Kräfte so gering sind, dass sie sich gegenüber dem Messrauschen nicht sicher identifizieren lassen.

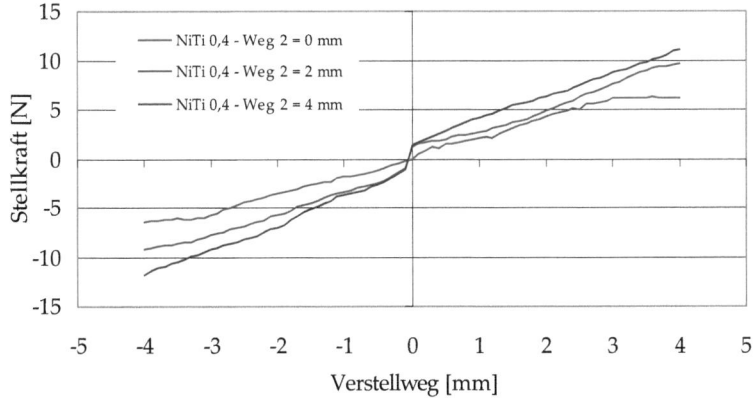

Abbildung 3-32   Kräfte an den Schub- / Zugstangen als Funktion der Auslenkung für NiTi-Draht mit d = 0,4 mm

In weiteren Messungen wurde jeweils eine der Schub- / Zugstangen zunächst ausgelenkt und arretiert (Weg 2), anschließend wurde die zweite Schub- / Zugstange verfahren. In der Abbildung 3-32 sind die aufgenommenen Ergebnisse für NiTi-Gelenke mit einem Drahtdurchmesser von 0,4 mm dargestellt. Mit steigender Auslenkung der arretierten Schub- / Zugstange ist eine Zunahme der erforderlichen Kraft auf etwa 13 N zu erkennen. Die Auslegung der Antriebe im Kapitel 4.1.6 erfolgt für einen Drahtdurchmesser von 0,4 mm daher mit 15 N. Weiterhin kommt es zu einer geringen Verschiebung des Kraftnullpunkts durch die Auslenkung der zweiten Stange.

Derartige Verläufe sind bei auch bei den Messungen mit anderen Drahtdurchmessern zu erkennen. Die maximal notwendigen Kräfte wurden bei einem Drahtdurchmesser von 0,5 mm mit ± 21 N gemessen.

Bei den Silikongelenken hat die Auslenkung der ersten Schub- / Zugstange einen geringeren Einfluss, die Zunahme der ohnehin geringen erforderlichen Kraft ist lediglich im einstelligen Prozentbereich zu messen.

3.2.3 Gelenkverschleiß bei Dauerbelastung

Alle Gelenktypen halten den statisch gemessenen Belastungen aus den Zugversuchen in Kapitel 3.2.2 stand. In weiteren Versuchen zur Zuverlässigkeit der Gelenke wurde daher der Gelenkverschleiß in Abhängigkeit der Lastwechsel überprüft. Mit dem in der Abbildung 3-33 skizzierten Versuchsaufbau wurde jeweils ein einzelnes Gelenk (2) wiederholt ausgelenkt. Der Biegewinkel entspricht dem maximal auftauchenden Winkel für die Gelenke von α = 50. Der Biegeradius von minimal r_B = 2,6 mm ist, wie der Biegewinkel, den Berechnungen aus Kapitel 2 entnommen. Die Gelenke sind jeweils nur zur Hälfte aufgebaut, um den Fertigungsaufwand für die Testmuster zu reduzieren. Die Auslenkung erfolgt durch eine exzentrisch rotierende Scheibe (1) aus Edelstahl.

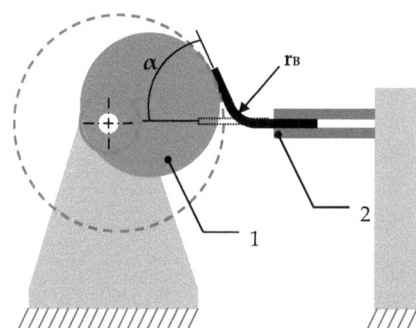

Abbildung 3-33 Skizze des Messaufbaus zur Untersuchung der Gelenkdegeneration

Einzelne Probemessungen an Polymer- und Kardangelenken zeigten keinen Einfluss auf die Funktionssicherheit der Gelenke. Die anschließenden Messungen wurden daher nur für die Festkörpergelenke aus NiTi-Draht durchgeführt. Untersucht wurden die in Kapitel 3.2.1 beschriebenen Kombinationen von NiTi-Drahtdurchmesser, Hüllrohrdimensionen und Verbindungstechniken. Für alle

Gelenke wurden die Lastwechsel bis zum Bruch aufgezeichnet. Beim Erreichen von 30.000 Lastwechseln wurden die Messungen abgebrochen. Zum Vergleich: Innerhalb der Lebensdauer der Endoskope ist mit 10.000 Lastwechseln zu rechnen [KSEn10].

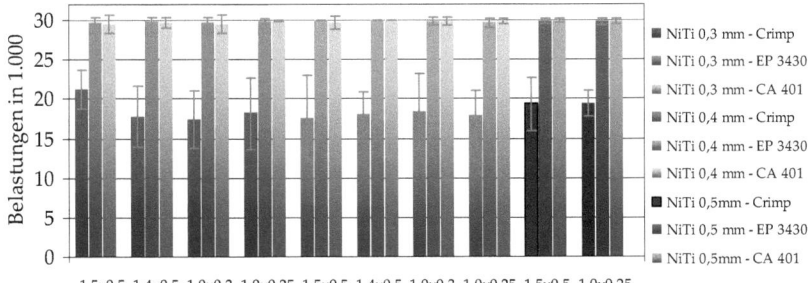

Abbildung 3-34   Mittlere Anzahl der möglichen Lastspiele bis zum Bruch der Gelenke für verschiedene Konfigurationen

Für die untersuchten Gelenke mit Klebeverbindung sind unabhängig vom verwendeten Klebstoff wenigstens 26.000 Lastwechsel bis zum Bruch möglich (vgl. Abbildung 3-34). Durchschnittlich 8,5 von 10 Verbindungen halten bis zur Messgrenze der Untersuchungen ohne zu brechen. Die gecrimpten Verbindungen brechen bereits bei durchschnittlich 17.000 Lastwechseln. Es kommt hier allerdings zu deutlich höheren Abweichungen vom Mittel. Das frühe Materialversagen ist wie bei den Zugversuchen vermutlich auf die Materialschädigung beim Crimpen zurück zu führen.

Ein Großteil der vermessenen Gelenktypen ist für den Einsatz in den flexiblen Endoskopen geeignet. Die Sicherheit gegenüber einer zu hohen Zugbelastung durch die Bewegung der Führung ist ebenso gegeben, wie die Sicherheit gegenüber einem Bruch der Gelenke innerhalb der typischen Lebensdauer. Lediglich die mit CA 401 verklebten NiTi-Gelenke weisen keine ausreichende Sicherheit gegenüber den auftretenden Zugbelastungen auf.

Die höchste Sicherheit gegenüber den auftauchenden Zugbelastungen bieten die gecrimpten NiTi-Gelenke mit 0,5 mm Drahtdurchmesser. Aufgrund der höheren Flexibilität und der geringeren Stellkräfte bieten sich jedoch die dünneren Drahtdurchmesser wie auch die Silikongelenke für den Einsatz in den Funktionsmustern an. Die endgültige Eignung der Gelenke wurde zuvor in einer Messung zur Grenzbelastung geprüft.

Alle aufgebauten Kardangelenke neigten bereits bei geringen Belastungen zum Defekt. In den meisten Fällen rutschte eines der äußerst kurzen Wellenenden nach wenigen Bewegungen aus dem Mittelstück. Ein weiterer Nachteil der Gelenke ist der eingeschränkte Kippwinkel von nur 45°. Die Entwicklung der Kardangelenke wurde aufgrund der erheblich aufwendigeren Fertigung und Montage und den oben genannten Gründen daher nicht weiter verfolgt.

3.2.4 Grenzlastuntersuchungen

Abschließend wurde überprüft, ob für die NiTi-Gelenke bei Überbelastung die Gefahr eines Materialbruchs besteht. Eine Überlastung ist beispielsweise durch eine unbeabsichtigte Kollision der flexiblen Spitze möglich. Ein Bruch der Gelenke während einer Operation ist gegenüber einem Bruch der Polymergelenke als kritisch anzusehen, da die möglicherweise aus dem Endoskop ragenden Drahtenden starke Verletzungen hervorrufen können [Madj05].

Die NiTi-Gelenke wurden für die Untersuchung um ± 90° mit verschiedenen Radien wiederholt bis zum Bruch oder dem Erreichen von 500 Lastwechseln ausgelenkt. Ein weiteres Abknicken der Gelenke ist aufgrund der Konstruktion der Endoskope kaum möglich. Ebenso erscheint ein mehr als 500-faches unbeabsichtigtes Überbelasten der flexiblen Spitze unwahrscheinlich.

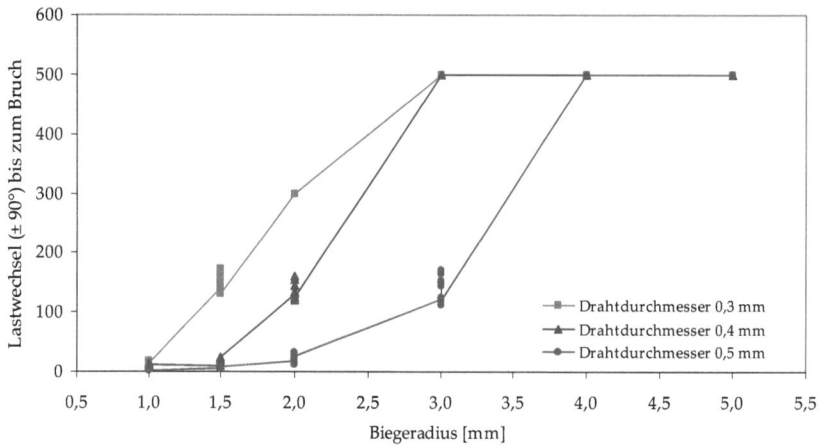

Abbildung 3-35 Messung der möglichen Lastwechsel bei Auslenkungen von ± 90° bis zum Bruch

Die in Abbildung 3-35 dargestellten Messergebnisse zeigen, dass bei den beiden kleineren Drahtdurchmessern für den eingesetzten minimalen Biegeradius von 2,6 mm erst bei etwa 400 Lastwechseln mit einem Bruch der Gelenke zu rechnen ist. Gelenke mit einem Drahtdurchmesser von 0,5 mm halten erst ab einem Biegeradius von mehr als 4 mm der 500-fachen Belastung stand. Biegeradien unter 2 mm führen bei Drahtdurchmessern von 0,4 mm und 0,5 mm bereits nach wenigen Lastwechseln zum Bruch. Um eine dauerhaft sichere Funktion zu gewährleisten, sind daher die entwickelten Funktionsmuster mit 0,3 mm Drahtdurchmesser ausgeführt.

Der Aufbau einer flexiblen Endoskopspitze erfordert neben den Kenntnissen aus der Analyse der Kinematik und den Gelenkuntersuchungen geeignete Antriebe, um die Spitze zu bewegen. Vor der Diskussion verschiedener Antriebsvarianten folgt zunächst eine Betrachtung verschiedener Möglichkeiten, den flexiblen Teil der Endoskope, in dem sich die Führungen befinden, abzudecken.

3.3 Abdeckung der Gelenkführungen

Die Abdeckung der Gelenkführung ist erforderlich, da es beispielsweise möglich ist, dass sich während einer Operation Verschmutzungen in der ungeschützten Mechanismus oder in den Schaftrohren festsetzen, die sich später nur aufwendig entfernen lassen. Darüber hinaus ist ein sicherer Schutz der in den Endoskopen eingebauten Technik bei den anschließenden Sterilisationsverfahren sicher zu stellen.

Es werden daher zwei Verfahren zum Abdecken verglichen. Die erste Möglichkeit ist eine fest integrierte Schutzhülle. Im Endoskop EndoEye der Firma Olympus wird eine derartige Hülle aus einem Elastomer bereits eingesetzt. Alternativ sind Faltenbalghüllen aus einem Hochleistungskunststoff wie PTFE denkbar. Metallische Faltenbälge eignen sich aufgrund ihrer Bruchneigung und der hohen erforderlichen Kräfte zum Biegen nicht. PTFE-Faltenbälge lassen sich als Extrusionsform oder spanend herstellen. Die dauerhafte Verbindung derartiger Faltenbälge mit den Metallflächen der Endoskopschäfte ist durch eine entsprechende Vorbehandlung, wie beispielsweise Plasmaätzen möglich [Elri10], [Ptfe10]. Extrudierte PTFE-Faltenbälge sind aufgrund der hohen Werkzeugkosten nur in hohen Stückzahlen wirtschaftlich zu fertigen. Die Kosten für eine geringe Stückzahl von spanend gefertigten PTFE-Faltenbälgen sind so hoch, dass eine Integration in die Labormuster nicht weiter untersucht wurde.

Alternativ ist der Einsatz von Einwegüberzügen aus Polymerwerkstoffen wie dem sterilen Endoshaft-Cover der Firma Xion medical denkbar (vgl. Abbildung 3-36).

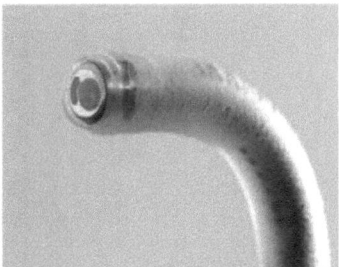

Abbildung 3-36   Einweghülle Endoshaft-Cover [Xion10]

Durch den Einsatz derartiger Schutzüberzuge mit einem Abdeckglas an der Spitze für die flexiblen Endoskope entfällt laut Vertreiberangaben [Xion10] die zeitaufwendige Aufbereitung nach der Operation. Die Instrumente lassen sich schneller wieder einsetzen. Da sich eine Beschädigung der Überzüge während einer Operation nicht ausschließen lässt, sind verschiedene Vorsichtsmaßnahmen erforderlich. Alle Bauteile, die im Inneren der Instrumente liegen, müssen so ausgelegt werden, dass sie eine Sterilisation ohne Schaden überstehen. Dies gilt insbesondere für die Videomodule. Nach Aussagen des Projektpartners Karl Storz Endoskope ist es möglich, die Videomodule gekapselt auszuführen, so dass eine Sterilisation problemlos erfolgen kann.

Der Einsatz einer fest integrierten Polymerhülle hat gegenüber den Einwegüberzügen zwei wesentliche Nachteile. Bei einem Defekt der Gelenkführung oder einem anderen Bauteil in der flexiblen

Spitze ist die Demontage der Hülle aufwendig und erfordert vermutlich die Zerstörung der Hülle. Es ist weiterhin nicht auszuschließen, dass eine Polymerhülle im Verlauf einer Operation durch andere Instrumente beschädigt oder zerstört wird. Auch in diesem Fall ist ein vollständiges Auswechseln der Hülle notwendig.

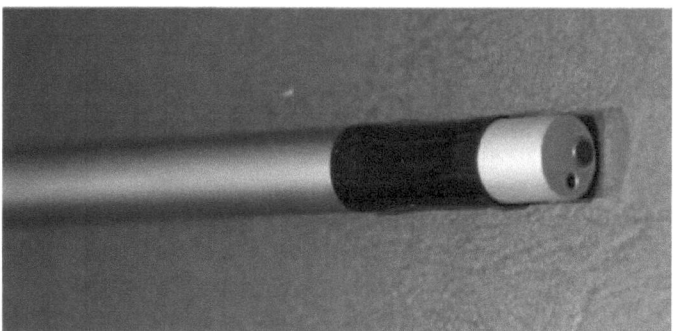

Abbildung 3-37   Labormuster mit aufgeschobener Silikonhülle

Die Labormuster sind für Demonstrationszwecke mit einer gegossenen Silikonhülle überzogen (vgl. Abbildung 3-37). Diese lässt sich problemlos auf die Endoskope aufschieben. Für den späteren Einsatz werden jedoch Lösungen, wie die oben beschriebenen Einweghüllen empfohlen.

4 Antriebe zum Verstellen der Endoskopspitze

Das Verstellen der flexiblen Endoskopspitze erfordert zwei separat ansteuerbare Antriebe, die eine lineare Bewegung erzeugen. Die Richtung der Bewegung entspricht der des Endoskopschafts, in dem die Schub-/ Zugstangen zum Verstellen der Spitze verlaufen.

4.1 Antriebsarten

Im Folgenden werden einige in Frage kommende Prinzipien für die Bewegungserzeugung beschrieben. Dabei wird grundsätzlich zwischen direkten Linearantrieben und Antriebssystemen unterschieden, bei denen eine Rotationsbewegung in eine Linearbewegung umgewandelt wird. Relevante Auswahlkriterien für Antriebssysteme sind neben der Ausfallsicherheit für den Einsatz in einem Medizinprodukt im Wesentlichen die Genauigkeit, die Antriebskräfte und der erreichbare Hub.

4.1.1 Piezoelektrische Aktoren

Der inverse piezoelektrische Effekt wird von einer ganzen Reihe von Aktoren genutzt, um eine Bewegung bereit zu stellen. Allen Piezomotoren gemeinsam ist der kurze, direkte Stellweg der eigentlichen Aktoren, der üblicherweise mit hohen Stellkräften einhergeht. Die verschiedenen Arten der Nutzung des Piezoeffekts erlauben eine generelle Einordnung der Aktoren in quasistatische und resonante Motoren [Haug06].

Zu den quasistatischen Piezomotoren zählen neben den bekannten Piezo-Legs-Antrieben auch die Stapel- und Biegeaktoren, die als einzige die Längenänderung durch den Piezoeffekt als Aktorstellweg direkt einsetzen. Kommerziell erhältliche Piezo-Legs-Antriebe erzeugen inzwischen Geschwindigkeiten bis zu 20 mm / s mit Haltekräften von 20 N und einer sehr feinen Auflösung im Nanometerbereich, sind aber erheblich teurer und erfordern einen größeren Bauraum als beispielsweise elek-tromagnetisch angetriebene Spindelantriebe [Piez10].

Resonante Motoren wie Wanderwellenmotoren werden inzwischen häufig in Objektiven von DSLR-Kameras zur automatischen Fokussierung eingesetzt. Bei diesen Motoren führen zwei überlagerte Moden von im Stator kreisförmig angeordneten Piezoaktoren zu einer Wanderwelle, deren Bewegung durch Reibung auf einen Rotor übertragen wird. Eine lineare Bewegung lässt sich mit derartigen Aktoren nur mit Hilfe eines geeigneten Getriebes realisieren. Zwar sind seit einigen Jahren auch Bauformen bekannt, bei denen die Wanderwellen für eine direkte Linearbewegung eingesetzt werden [Herm99], jedoch sind diese bisher nur als Labormuster aufgebaut worden. Kommerziell sind die Aktoren nicht in geeigneten Dimensionen erhältlich und werden daher nicht weiter für die Entwicklung berücksichtigt.

Eine andere Bauform eines Piezoaktors führt wie ein Spindelantrieb zu einer Linearbewegung (vgl. Abbildung 4-1). Eine als Stator (1) dienende Mutter aus Piezokeramik wird zum Schwingen angeregt. Die Schwingung des Stators um seine Symmetrieachse dreht den innen liegenden Rotor (2), ähnlich wie bei den oben beschriebenen Wanderwellenmotoren. Der Rotor ist als Gewinde ausgeführt und erzeugt damit eine Linearbewegung.

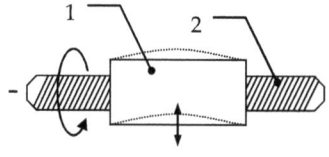 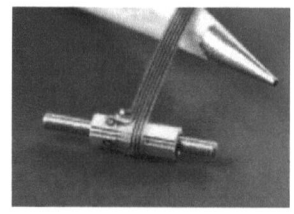

Abbildung 4-1   Prinzip des Squigglemotors und Produktbild [NewS10]

Aktoren dieser Bauweise sind in verschiedenen Größen und vor allem deutlich günstiger erhältlich als herkömmliche Wanderwellenmotoren [NewS10]. Zurzeit sind jedoch lediglich Ausführungen mit Zustellkräften unter 10 N erhältlich.

Piezoaktoren, die direkt eine Linearbewegung erzeugen, lassen sich in zwei Arten unterscheiden. Der Longitudinaleffekt wird ausgenutzt, indem die Längenänderung bei den Aktoren parallel zum angelegten äußeren elektrischen Feld erfolgt. Die zweite Art von Aktoren nutzt den gleichzeitig auftretenden Transversaleffekt, bei dem die Dehnung orthogonal zum angelegten elektrischen Feld auftritt [JeBa95].

Die Dehnung der Aktoren ist abhängig vom angelegten elektrischen Feld, dieses ist wiederum abhängig von der angelegten Spannung und der Dicke der Aktoren. Üblicherweise werden daher Aktoren, die den Longitudinaleffekt ausnutzen, als Stapel-aktoren aus vielen dünnen Scheiben aufgebaut. Die dünnen Einzelaktoren werden mechanisch in Reihe und elektrisch parallel geschaltet. Die Längenänderung derartiger Piezoaktoren liegt im Promillebereich, führt allerdings zu sehr hohen Kräften bis zu mehreren kN [Albe06]. Durch den Einsatz von geeigneten Hebelsystemen lassen sich die erreichbaren Stellwege, die typischerweise im zweistelligen Mikrometerbereich liegen, auf einige hundert Mikrometer vergrößern. Die Stellkräfte werden entsprechend kleiner.

Der Transversaleffekt wird für Biegeaktoren (vgl. Abbildung 4-2) eingesetzt, die entweder aus zwei länglichen, gegeneinander arbeitenden Piezoschichten oder aus einer Piezoschicht auf einer passiven Schicht bestehen. Die länglichen Aktoren werden einseitig eingespannt und erzeugen eine Bewegung in Feldrichtung durch die Längenänderung quer zum anliegenden Feld.

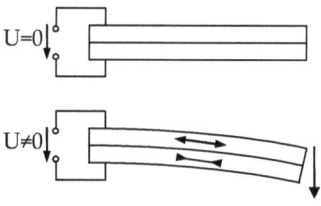

Abbildung 4-2   Biegeaktor

Diese Biegeaktoren erzeugen deutlich höhere Wege bis zu 1.000 µm, stellen dabei allerdings lediglich Kräfte bis einem Newton bereit.

Neben den geringen Stellwegen und den dafür erforderlichen hohen Spannungen ist der hysteresebehaftete Betrieb derartiger Piezoaktoren von Nachteil. Dieser macht eine aufwendige Ansteuerung oder eine entsprechende Wegmessung mit angeschlossener Regelung notwendig [Piez10].

Grundsätzlich ist bei dem Einsatz von Piezoaktoren im medizinischen Umfeld Vorsicht geboten, da bei jedem Autoklavierzyklus mit einer Reduktion der Antriebskraft und allmählichem Versagen der Antriebe zu rechnen ist.

4.1.2 Pneumatische Antriebe

Für den Einsatz von pneumatisch betriebenen Aktoren wie Kolbenantrieben oder pneumatischen Muskeln [Fest10] sprechen die hohen Geschwindigkeiten, die großen erreichbaren Kräfte und die Vielzahl der am Markt erhältlichen Systeme.

Ein kleiner Kolbenantrieb mit einem Innendurchmesser von d = 10 mm würde mit der üblicherweise im Operationssaal bereitgestellten Druckluftversorgung von P_{OP} = 5 bar nach:

$$F_K = P_{OP} \cdot A_k = 5 \cdot 10^{-1} \frac{N}{mm^2} \cdot \pi \cdot (10\,mm)^2 \qquad \text{(4-1)}$$

bereits eine mehr als ausreichende Stellkraft von knapp 160 N (ohne Berücksichtigung der Reibung an den Dichtungen) bereitstellen. Gegenüber pneumatischen Muskeln ist eine Kraftwirkung außerdem in zwei Richtungen möglich. Derartig dimensionierte Antriebe lassen sich weiterhin problemlos in den Handgriff des Geräts integrieren.

Allerdings führt der Einsatz von pneumatisch betriebenen Aktoren zu einer hohen Geräuschentwicklung beim Entlüften einzelner Kammern, und es ist fraglich, ob es zu einer Akzeptanz beim Anwender kommen würde. Auch die zusätzlich nötige Druckluftleitung scheint nachteilig, da sie einen größeren Querschnitt hat und knickempfindlicher ist als entsprechende elektrische Leitungen.

4.1.3 Hydraulische Antriebe

Hydraulisch wirkende Antriebe weisen ähnliche Vor- und Nachteile wie die oben beschriebenen pneumatischen Antriebe auf. Bedenklich ist zusätzlich der Einsatz von Hydraulikölen im Operationsumfeld. Ein mit Wasser betriebener Aktor ist gut realisierbar [Kili06], erfordert aber weitreichende Sicherheitsmaßnahmen, um Wechselwirkungen mit stromführenden Bauteilen bei einem Leck zu verhindern. Zudem ist auch hier eine zusätzliche Zuleitung zum Gerät erforderlich. Zusätzlich müssten die Antriebe für jeden Autoklavierzyklus vollständig entleert werden.

4.1.4 Elektromagnetische Linearantriebe

Bei der Auswahl eines elektromagnetischen Aktors steht eine Vielzahl von Kauflösungen der Entwicklung eines speziell angepassten Antriebsystems gegenüber. Es werden daher zunächst grundlegende Abschätzungen zur Entwicklung von elek-tromagnetischen Linearaktoren durchgeführt.

Elektromagnetische Linearantriebe, bei denen die Bewegung durch die Nutzung der Reluktanzkraft bereitgestellt wird, erzeugen bei ähnlicher Dimensionierung für den Großteil des Verfahrwegs deutlich geringere Kräfte als Antriebe, die auf der Lorentzkraft basieren.

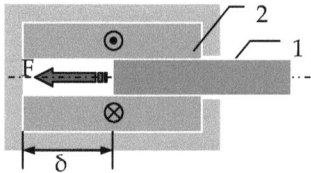

Abbildung 4-3 Schematischer Aufbau eines Tauchankerantriebs

Da die erzeugte Kraft als Kehrwert zum Quadrat des Luftspalts δ (vgl. Abbildung 4-3: ein einfacher Eisenkern (1) der in eine Spule (2) mit Eisengehäuse gezogen wird) ansteigt, kommt es lediglich auf dem letzten Wegstück zu großen Kräften. Beim Einsatz der Reluktanzkraftantriebe ist zusätzlich eine Feder erforderlich, gegen die der Antrieb arbeitet. Andernfalls würde der Kern durch die stark ansteigende Kraft immer bis zu einem mechanischen Anschlag oder bis zum Ende der Spule verfahren. Die Mittelposition der Antriebe, bei der die Endoskopspitze nicht ausgelenkt wäre, ist also nur bei eingeschalteter Spule stabil. Im abgeschalteten Zustand wäre die Spitze immer abgewinkelt. Bei einem Ausfall der Antriebe könnte es daher zu Problemen kommen, wenn das Endoskop aus dem Operationsbereich entfernt werden soll.

Die Eignung eines Antriebs, der auf der Lorenzkraft basiert, wird im Folgenden analytisch untersucht. Die Abschätzung der Antriebskraft wird mit dem, in der Abbildung 4-4 dargestellten, Linearmotor durchgeführt. Der Läufer besteht aus einem Permanentmagneten, der von zwei weichmagnetischen Polschuhen in der Bewegungsrichtung eingeschlossen ist. Der magnetische Fluss wird mit dem ersten Polschuh aus dem Magneten durch die Spule geführt. Von dort wird der Fluss über den äußeren, weichmagnetischen Rückschluss durch die zweite Spule in den gegenüberliegenden Polschuh zurück zum Permanentmagneten geführt.

Bei gegenseitig bestromten Spulen wirkt auf diese jeweils eine gleichgerichtete Lorentzkraft. Da die Spulen ortfest sind, wirkt die resultierende Kraft auf den Läufer.

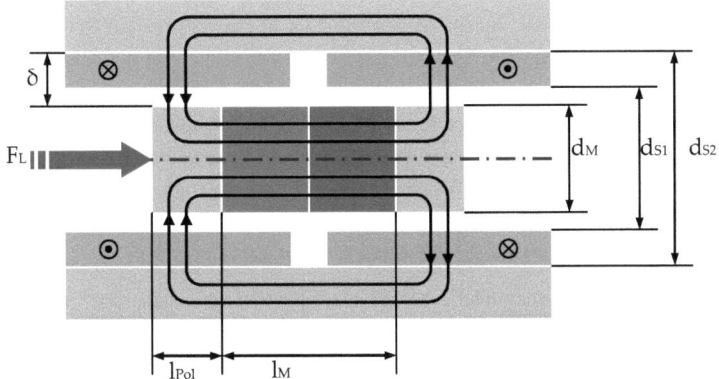

Abbildung 4-4 Aufbau eines einfachen Linearmotors

Die entstehende Lorentzkraft setzt sich nach:

$$F_L = N \cdot I \cdot l \cdot B_L \qquad (4\text{-}2)$$

aus dem Spulenstrom I, der Windungszahl N, der Flussdichte B_L und der durchflossenen Leiterlänge l zusammen. Da durch den rotationssymmetrischen Aufbau des Aktors davon ausgegangen werden kann, dass die Induktion stets senkrecht zum Leiter steht, kann hier das einfache Produkt verwendet werden.

Die analytische Berechnung aus dem Anhang ergibt für den Aktor mit einem Läufer aus NeFeB (Remanenzinduktion B_R = 1,2 T), Kupferspulen mit einer radialen Dicke von 1,4 mm die mit 0,25 A bestromt werden (Durchflutung 150 A) und 2 mm breiten Polschuhen eine wirkende Kraft von 1,5 N.

Es kann davon ausgegangen werden, dass die tatsächliche Kraft in Abhängigkeit von der Luftspaltbreite deutlich größer ausfällt. Die analytische Berechnung setzt unter anderem voraus, dass der magnetische Fluss nur durch einen kleinen Teil der Spule führt. Tatsächlich wird der Fluss allerdings nicht nur durch den Teil der Spule führen, der sich direkt über den weichmagnetischen Polschuhen befindet, sondern auch seitlich davon.

Neben der geringen erzeugten Kraft spricht gegen den Einsatz der beschriebenen Linearaktoren vor allem die, aufgrund der fehlenden Selbsthaltung, permanent nötige Bestromung der Spulen zum Erhalt der aktuellen Position. Diese würde zu einer erheblichen Erwärmung des Handgriffs führen. Alternativ zu reinen Lorentz- oder Reluktanzkraftantrieben ist der Einsatz von Mischformen denkbar. Diese weisen jedoch immer eine oder mehrere Raststellungen aus. Ein kontinuierliches Verfahren der Antriebe an beliebige Positionen und das stromlose Halten einer Position sind daher kaum möglich.

4.1.5 Spindelantriebe

Eine weit verbreitete Methode zum Erzeugen von Linearbewegungen sind Spindel-antriebe. Die Rotationsbewegung eines Schraubengewindes wird von einer Mutter, die auf dem Gewinde sitzt, in eine Linearbewegung umgewandelt. Für die Rotation der Gewindespindel lässt sich jegliche Art von Rotationsmotor einsetzen. Die Vorzüge von Spindelantrieben sind neben den großen erzeugbaren Kräften und den geringen Herstellungskosten vor allem die gute Verfügbarkeit durch die weite Verbreitung in der Industrie und die Möglichkeit des selbsthemmenden Aufbaus. Durch Vorspannen der Mutter gegen die Spindel, beispielsweise mit einer Feder oder einer Doppelmutter, lässt sich außerdem bei Bedarf das Umkehrspiel deutlich reduzieren.

Im industriellen Einsatz werden häufig Kugelumlaufspindeln verwendet, um einen höheren Wirkungsgrad zu erzielen, der wiederum zu geringer Wärmeentwicklung und so zu einer hohen Lebensdauer führt. Allerdings sind Kugelumlaufspindeln nicht selbsthemmend, teuer und erzeugen einen höheren Geräuschpegel als normale Spindelantriebe.

Für den Einsatz im Endoskopgriff erscheinen Linearspindelantriebe wegen der einfachen Konstruktion, der großen erzielbaren Kräfte und Verstellwege und der Vielzahl der erhältlichen Rotationsantriebe am besten geeignet.

Da die Antriebe im Handgriff der Endoskope integriert werden müssen, ist es nötig, sehr kleine Spindelantriebe zu verwenden. Diese sind in den benötigten Dimensionen jedoch nur als Sonderanfertigung erhältlich. In den Labormustern werden daher angepasste, neu angefertigte Linearspindeln verwendet. Aufgrund der sehr guten Gleiteigenschaften, dem schmierungsfreien Lauf und der medizintechnischen Zulassung wird als Materialpaarung für den Spindelantrieb Edelstahl und iglidur A180 von igus verwendet. Für den Einsatz in den Labormustern werden die Antriebe zunächst entsprechend den Anforderungen aus Kapitel 3 ausgelegt.

4.1.6 Auslegung der Spindelantriebe

Das Drehmoment eines Spindelantriebs in Abhängigkeit der gewünschten Vorschubkraft berechnet sich nach [WeBr06] mit:

$$M_a = \frac{F_a \cdot P_h}{2 \cdot \pi \cdot \eta_1} \tag{4-3}$$

Dabei ist M_a das Moment, F_a die erzeugte Vorschubkraft, P_h die Gewindesteigung und η_1 der Wirkungsgrad der Spindel. Damit der Spindelantrieb eine lineare Bewegung ausführt, muss die Mutter gegenüber der Spindel in einem Gleitlager geführt werden. Die am Gleitlager auftauchende Reibung ist in (4-3) nicht berücksichtigt. Die Auswirkungen der Reibung am Gleitlager werden nach der Berechung des nötigen Drehmoments diskutiert.

Der Wirkungsgrad eines Spindelantriebs für die Umwandlung einer Drehbewegung in eine Längsbewegung lässt sich nach [Muhs07] über

$$\eta_1 \approx \frac{\tan(\varphi)}{\tan(\varphi+\varrho')} \tag{4-4}$$

annähern. In dieser Gleichung steht ϕ für den Steigungswinkel der Spindel und ρ' für den Gewindegleitreibungswinkel (vgl. Abbildung 4-5).

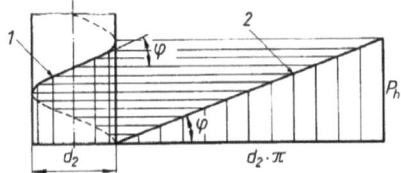

Abbildung 4-5   Darstellung des Steigungswinkels am Gewinde [Muhs07]

Der Steigungswinkel eines Gewindes, bezogen auf den Flankendurchmesser, ergibt sich aus:

$$\tan(\varphi) = \frac{P_h}{d_2 \cdot \pi} \tag{4-5}$$

P_h ist hier die Gewindesteigung und d_2 der Flankendurchmesser. Für ein metrisches ISO-Gewinde mit Nenndurchmesser 3 mm mit einer Steigung P_h von 0,5 mm und dem zugehörigen Flankendurchmesser $d_2 = 2{,}675$ mm ergibt sich für den Steigungswinkel:

$$\varphi = 3{,}41° \tag{4-6}$$

Der Gewindegleitreibungswinkel ρ' ergibt sich nach [Muhs07] in Abhängigkeit von Oberflächenzustand, Material und Schmierung des Gewindes zu:

$$\varrho' = \operatorname{a\,tan}\left(\frac{\mu_g}{\cos(0{,}5\cdot\beta)}\right) \tag{4-7}$$

Die verwendete Polymerspindel aus dem Werkstoff iglidur A180 hat laut Datenblatt des Herstellers einen Gleitreibwert gegen Stahl von $\mu_g = 0{,}05 - 0{,}23$. Für die weitere Berechnung wird der Mittelwert von 0,14 angenommen. Der Flankenwinkel β beträgt bei metrischen ISO-Gewinden 60°. Der Gewindegleitreibungswinkel beträgt also

$$\varrho' = 9{,}18° \tag{4-8}$$

Der Gewindegleitreibungswinkel ist mehr als doppelt so groß wie der Steigungswinkel, die Spindel ist also wie gewünscht selbsthemmend.

Nach Gleichung (4-4) ist der Wirkungsgrad der Spindel näherungsweise:

$$\eta_1 \approx 0{,}27 \tag{4-9}$$

Für eine selbsthemmende Spindel liegt der Wirkungsgrad immer unter 0,5. Der kleine, berechnete Wirkungsgrad ergibt sich im Wesentlichen durch den Einsatz eines ISO-Gewindes mit entsprechend geringer Steigung. In der Abbildung 4-6 ist der Verlauf des Spindelwirkungsgrads für drei Gewindedurchmesser als Funktion der Gewindesteigung dargestellt. Je nach Durchmesser der Gewinde wird der Wirkungsgrad ab einer Gewindesteigung von 0,9 mm bis zu 1,6 mm größer als 0,5.

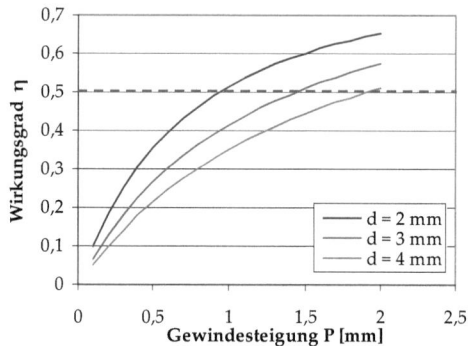

Abbildung 4-6 Wirkungsgrad einer Spindel als Funktion der Gewindesteigung für verschiedene Gewindedurchmesser

Für die Auslegung der Spindel sollte dieser Wert möglichst gut angenähert, jedoch keinesfalls überschritten werden, da die Spindel andernfalls nicht mehr selbsthemmend arbeitet.

Für eine Spindel mit einem Nenndurchmesser von 3 mm und einer Steigung von 1,5 mm ergibt sich beispielsweise ein Spindelwirkungsgrad von

$$\eta_{l1} \approx 0.266 \qquad (4\text{-}10)$$

Die Spindel wäre also nicht mehr selbsthemmend. Der geringe Wirkungsgrad aus (4-9) wird für den Aufbau der Labormuster aufgrund der deutlich einfacheren Fertigung der Spindel in Kauf genommen.

Das nötige Motordrehmoment beträgt also für eine gewünschte Vorschubkraft von 15 N (vgl. Kapitel 3.2.2) nach (4-3):

$$M_a = \frac{F_a \cdot p}{2 \cdot \pi \cdot \eta_{l1}} \qquad (4\text{-}11)$$

$$M_a = \frac{15\,\text{N} \cdot 0{,}5\,\text{mm}}{2 \cdot \pi \cdot 0{,}27} = 4{,}42\,\text{mNm} \qquad (4\text{-}12)$$

Das Prinzip der Gleitlagerung für den Spindelantrieb ist in der Abbildung 4-7 dargestellt. Es ist in allen motorisierten Labormustern integriert (vgl. Kapitel 5).

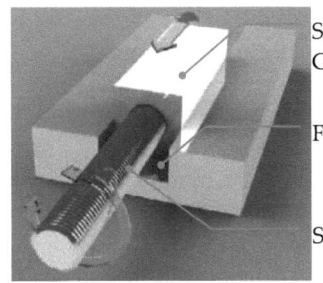

Spindelmutter / Gleitlager

Führungsschiene

Spindel

Abbildung 4-7 CAD-Modell der Spindelantriebe mit Gleitlager

Die Spindelmutter aus iglidur A180 dient gleichzeitig als eine Hälfte der Gleitlagerung. Sie wird in einer Schiene geführt, die bei den Labormustern aus unterschiedlichen Materialien gefertigt ist. Die erforderliche Kraft für das Verschieben der Spindelmutter in der Führungsschiene wurde experimentell bestimmt. Sie beträgt weniger als 10 mN und wird daher für die Berechnung des nötigen Motormoments nicht weiter berücksichtigt.

In den Labormustern werden verschiedene elektromagnetische Rotationsmotoren eingesetzt, um die Spindeln anzutreiben. Für den Einsatz der Motoren sprechen die Vielzahl der erhältlichen Varianten, die problemlose Integration von Getrieben und die einfachen Ansteuerungsmöglichkeiten. Die Beschreibung der verwendeten Motoren erfolgt im Kapitel 5. In der Tabelle 4-1 sind die relevanten Antriebsdaten aufgeführt.

Motordrehmoment	5 mNm
Antriebskraft	17 N
Spindelwirkungsgrad	0,27
Vorschub / Umdrehung	0,5 mm

Tabelle 4-1 Parameter des Antriebs

5 Aufbau verschiedener Funktionsmuster

Es wurden verschiedene, iterativ optimierte Endoskopmuster gefertigt, die zusätzlich mit jeweils erweiterten Funktionen ausgestattet sind.

Das erste Funktionsmuster besteht aus einem Schaft und der flexiblen Spitze. Es erlaubt lediglich ein Verstellen der Spitze von Hand. Mit dieser Anfertigung wurde die Umsetzung der entwickelten Gelenkführung und der Gelenke demonstriert.

Für das zweite Funktionsmuster wurde zunächst die Bewegung der Spitze motorisiert. Die Motoren sind in einen Handgriff integriert, der gleichzeitig als Halterung für den Endoskopschaft samt flexibler Spitze dient. Die Steuerung erfolgt bei diesem Aufbau mit einer externen Bedieneinheit.

Im dritten Aufbau wurde die Steuerung der Spitze in einer Bedieneinheit im Handgriff untergebracht. Zusätzlich enthält das Funktionsmuster eine Vorrichtung zur Beleuchtung und ein Videomodul in der flexiblen Spitze.

Das abschließend aufgebaute Labormuster enthält eine verbesserte Antriebseinheit und bietet die Möglichkeit, verschiedene externe Mensch-Maschine-Interfaces anzuschließen. Die Abbildung 5-1 zeigt die vier verschiedenen Aufbauten.

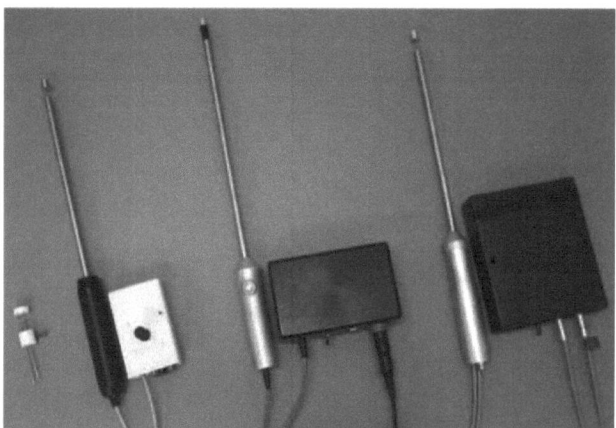

Abbildung 5-1 Entwickelte Funktionsmuster

Die Entwicklung der Funktionsmuster erfordert zunächst die Betrachtung einer Auswahl möglicher Lichtquellen, mit denen sich der Operationsbereich ausleuchten lässt.

5.1 Lichtquellen für die minimal-invasive Chirurgie

Die Ausleuchtung des Operationssitus erfolgt in starren Endoskopen zurzeit mittels Lichtleitern. Üblicherweise wird das Licht mit einer externen Kaltlichtquelle erzeugt und durch ein Lichtleiterkabel zum Instrument geführt. Ein Filter in der Kaltlichtquelle reduziert den nicht sichtbaren Infrarot-Anteil (> 780 nm) des abgegebenen Lichts, um eine übermäßige Erwärmung am Lichtaustrittspunkt zu verhindern (vgl. Abbildung 5-2).

Abbildung 5-2   Typische Anordnung von Lichtquellen, Lichtleiterkabel und Endoskop

Im Endoskop ist ein weiteres Lichtleiterbündel integriert, welches das am Griff eingekoppelte Licht an die distale Spitze zum Lichtaustritt führt. Der Infrarot-Filter ist notwendig, da die Spitze des Endoskops ohne diesen Filter Temperaturen oberhalb von 41°C erreicht, was bei Berührung von Gewebe zur Denaturierung führt (DIN EN 60601-1). In neueren Systemen kommt eine im Handgriff eingesetzte Leuchtdiode zum Einsatz. In der Abbildung 5-3 ist ein Auszug aus der entsprechenden Patentschrift zu sehen. Die Leuchtdiode ist im proximalen Griffteil eingesetzt (22). Das Licht wird von hier wiederum mit einem Lichtleiterbündel (8) zur Instrumentenspitze geleitet.

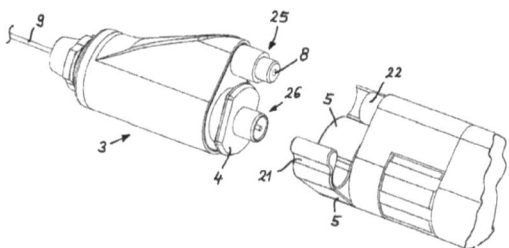

Abbildung 5-3   Endoskop mit LED-Lichtquelle im Griff [HSch10]

Die von der Leuchtdiode erzeugte Wärme wird über den Instrumentengriff abgeführt. Bisher erhältliche Systeme mit einer Leuchtdiode im Griff erzeugen allerdings nicht die Bildhelligkeit, die mit Kaltlichtquellen erreicht wird.

Mit Hochleistungsleuchtdioden (1,1 W), die an der distalen Spitze des Endoskops platziert werden, lassen sich Beleuchtungen realisieren, die mit Kaltlichtbeleuchtungen vergleichbar sind. Neben einer deutlichen Kostenreduktion ist mit einem erhöhten Komfort für den Anwender zu rechnen, da das unhandliche Lichtleiterkabel entfällt. Allerdings ist durch die starke Wärmeentwicklung der Leuchtdioden eine Kühlung der Instrumentenspitze notwendig [Endo09]. Untersuchungen hierzu zeigen, dass eine ausreichende Wärmeabfuhr mit einer geeigneten Vorrichtung möglich ist. Für die Integration in den flexiblen Endoskopen kommen diese jedoch nicht in Betracht, da die erforderliche Vorrichtung am Markt nur in starrer Ausführung erhältlich ist. Es werden daher Lichtleiterbündel in den Funktionsmustern verwendet, die vom Projektpartner Karl Storz Endoskope passend gefertigt wurden. Für den Einsatz der Lichtleiterbündel in den Instrumenten wurde überprüft, ob die Lichtleiter der Biegebelastung standhalten, da sie üblicherweise in starren Endoskopen eingesetzt werden [Helf10].

5.1.1 Messungen der Ermüdungserscheinungen von Lichtleitern

In einem Versuchsstand wurden die Ermüdungserscheinungen verschiedener Lichtleitertypen in Abhängigkeit von Biegeradius, -winkel und Spielzahl untersucht. Die Bewertung erfolgt anhand der relativen Transmissionsverluste sowie möglicher Faserbrüche in Abhängigkeit der Fasereinspannung. Die Bündeldurchmesser liegen zwischen 1,0 und 2,0 mm, die Einzelfasern haben einen Durchmesser zwischen 30 und 70 µm.

Die Biegebelastung der Faserbündel (1) wird im Versuchsstand (vgl. Abbildung 5-4, oben) von zwei zueinander beweglichen Schienen erzeugt, auf denen verschiebbare Halterungen (3) und (4) für die Glasfasern montiert sind. Eine der Schienen (6) wird durch einen Pleuel mit Exzenterscheibe von einem Motor angetrieben.

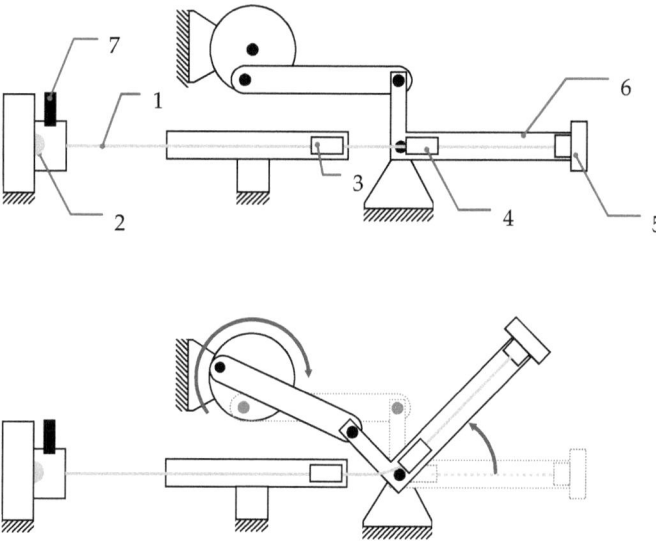

Abbildung 5-4 Skizze des Versuchsstands für zwei Positionen in der Aufsicht

Die bewegliche Schiene (6) führt durch den Motor, wie in der Abbildung 5-4 unten dargestellt, eine oszillierende Schwenkbewegung aus. Durch den Abstand der beiden Halterungen für die Glasfasern wird der Biegeradius der Faser beeinflusst, der Angriffspunkt des Exzenters am Pleuel variiert den Biegewinkel. Auf der Empfängerseite (5) ist eine Photodiode verbaut, mit der die Transmission der Fasern vermessen wird. An der feststehenden Seite des Versuchsstands (2) wird Licht in die Faserbündel eingekoppelt. Als Lichtquelle wird eine Leuchtdiode verwendet, die weißes Licht emittiert. Zusätzlich ist eine weitere Photodiode (7) an der Lichtquelle eingesetzt, die ein Referenzsignal für die Intensität des abgegebenen Lichts bereitstellt. Für die Versuchsauswertung wurden die gemessenen Referenzspannungen der beiden Photodioden miteinander verglichen.

Die Messungen erfolgten als Relativ- und nicht als Absolutwertmessungen, da die eingangs- und ausgangsseitigen Photodioden nicht die gleiche Empfindlichkeit aufweisen. In den Messergebnissen ist entsprechend stets eine Differenz zwischen beiden Signalen zu erkennen. Die Abbildung 5-5 zeigt die eingeschaltete Lichtquelle mit eingesetzter Faser und die Referenzdiode auf der rechten Seite.

Abbildung 5-5 Lichtaustritt mit eingesetztem Faserbündel und Referenzdiode auf der rechten Seite

Zusätzlich zu den Biegeradien und -Winkeln wurden verschiedene Arten der Faserbündeleinspannung untersucht, um die Einspannung im Endoskop möglichst optimal zu gestalten.

Die Ergebnisse der Messungen zeigen als Funktion der Biegespielzahl eine Abnahme der übertragenen Lichtleistung für alle Fasertypen. Dabei beträgt der Transmissionsverlust zwischen fünf und 80 Prozent. Die Fasern wurden am wenigsten geschädigt, wenn sie weder ummantelt noch fest eingespannt belastet wurden. In diesem Fall können sich die Fasern sowohl in der Einspannstelle als auch im Biegebereich frei bewegen und so einander ausweichen. Bei allen getesteten Fasern nahm die Transmission bei dieser Konfiguration nur unwesentlich ab. Bezüglich der anderen Konfigurationen lässt sich für alle Fasern feststellen, dass die ummantelten und fest eingespannten Faserbündel die schlechteste Eignung für wiederholte Biegespiele zeigen und je nach Biegeradius durch die Zugbelastung bei der Biegung schnell Faserbrüche auftreten (vgl. Abbildung 5-6).

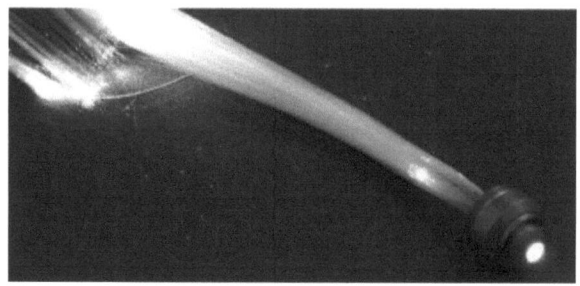

Abbildung 5-6 Gebrochene Fasern an der Biegestelle

Aus den Versuchen geht hervor, dass die Faserbündel mit den dünnsten Fasern (30 und 50 µm) am wenigsten durch das wiederholte Biegen geschädigt wurden. Dieser Fasertyp ist daher für den Einsatz in den flexiblen Endoskopen für Biegewinkel bis 50° am besten geeignet.

Neben dem Einfluss der Biegespielzahl wurde die Transmission in Abhängigkeit vom Biegewinkel untersucht. Die Abbildung 5-7 zeigt die Lichttransmission eines fest eingespannten Faserbündels mit 50 µm Faserdurchmesser über den Biegewinkel nach der Durchführung von 65.000 Biegespielen ohne feste Einspannung und Ummantelung bei einem Biegeradius von 30 mm. Die hohe Biegespielzahl wurde auf Wunsch des Projektpartners gewählt. Die transmittierte Lichtmenge hat in der Stellung ohne Biegung ein Maximum. Dieses liegt jedoch nur etwa 1,4 Prozent über dem kleinsten Wert am rechten Rand. Messungen vor den Biegespielen zeigen das gleiche Verhalten bis zu einem Biegewinkel von 60°. Der Einfluss der statischen Biegung auf die Transmissionsverluste ist also gegenüber der Schädigung durch die wiederholten Biegungen als vernachlässigbar einzustufen.

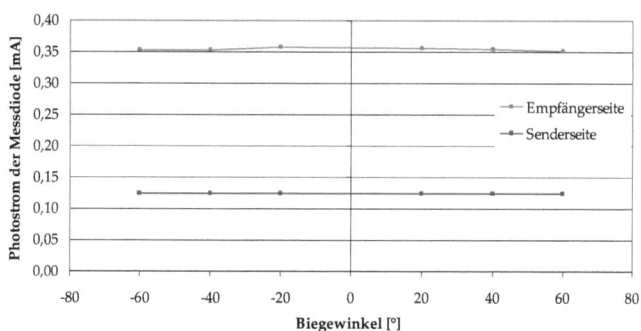

Abbildung 5-7 Lichttransmission in Abhängigkeit des Biegewinkels

5.2 Erstes Funktionsmuster

Das erste gefertigte Funktionsmuster besteht aus einem kurzen Schaftsegment, den Stangen und Gelenken sowie einer Spitze (vgl. Abbildung 5-8). Das Schaftsegment ist als Lagerung für die beiden Schub- / Zugstangen ausgeführt und beinhaltet zusätzlich die Einspannung für die feststehende

Stange. Alle drei Stangen sind Rohre aus V2A, in denen NiTi-Drähte als Gelenkelemente eingepresst sind.

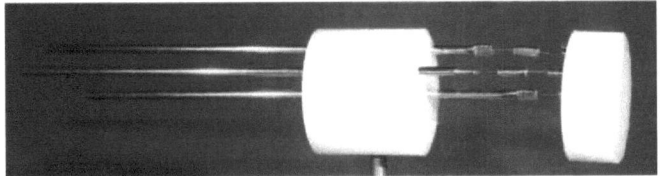

Abbildung 5-8   Erster Aufbau zur Untersuchung der Funktion

Die Spitze kann in diesem Aufbau durch eine Bewegung der beiden Schub- /Zug-stangen verstellt werden. Die Funktion der Gelenkführung und der Gelenke ließ sich mit dem Muster erfolgreich demonstrieren.

5.3   Motorisiertes Funktionsmuster mit Ansteuerung

In der Abbildung 5-9 ist das zweite Funktionsmuster mit der beweglichen Spitze zu sehen. Der Aufbau diente im Wesentlichen zur Untersuchung der Gelenke, der Handhabung und der Ansteuerung.

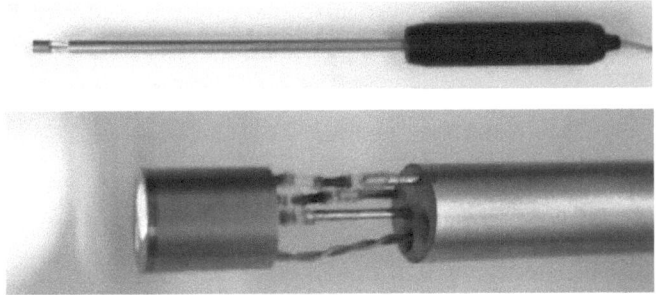

Abbildung 5-9   Detail- und Gesamtansicht des Aufbaus mit abwinkelbarer Spitze

Das Funktionsmuster ist mit einem Handgriff und einem Schaftrohr in endoskoptypischen Dimensionen aufgebaut. Im Handgriff befinden sich zwei einfache DC-Motoren, mit denen die Spindelantriebe verfahren werden (vgl. Abbildung 5-10). Die Führungsschienen der Spindelantriebe sind, wie auch die Motorhalterungen, in das Griffmaterial gefräst, um die Anzahl der Bauteile und die entsprechend nötigen Toleranzen gering zu halten. Mit den Spindelantrieben werden die Schub- / Zugstangen direkt bewegt. Im Endstück des starren Schaftrohrs wurde eine Lagerung eingeklebt, mit der die Schub- / Zugstangen geführt werden und in dem die dritte Stange der Gelenkführung befestigt ist. In diesem Bauteil sind zusätzlich zwei Bohrungen vorgesehen, die das Durchführen von Leitungen ermöglichen. Um die Integration von Kabeln zu testen, wurde durch eine der Bohrungen die Versorgungsleitung für eine LED in der flexiblen Spitze geführt. Als Gelenke wurden im zweiten Aufbau Polymergelenke in der Führung verbaut.

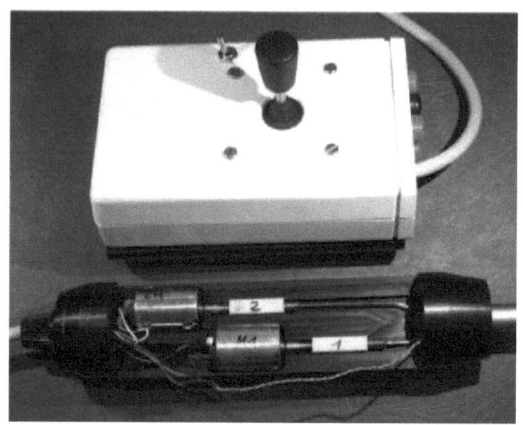

Abbildung 5-10 Geöffneter Griff mit integrierten Führungen für
die Spindelantriebe und Ansteuerung

Die Ansteuerung wird mit dem, in der Abbildung 5-10 gezeigten, externen Digitaljoystick durchgeführt, dessen Auslenkung auf die Motoren und damit auf die Spitze des Endoskops übertragen wird.

Der Aufbau wurde durch verschiedene Anwender in mehreren Versuchen erfolgreich getestet. Hierbei zeigte sich, dass die Nutzer die Bedienung schnell und intuitiv erlernten. Die Art der Ansteuerung wurde daher im nächsten Aufbau erneut eingesetzt, dort allerdings in den Griff des Endoskops integriert.

Die Gelenkführung ist in sich stabil, weicht jedoch bei Berührung eines Hindernisses durch die hohe Elastizität der eingesetzten Polymergelenke sehr schnell aus. Für den Einsatz in einem Endoskop ist das Ausweichen der Spitze nicht unbedingt von Nachteil. Üblicherweise wirken bei einer Operation kaum Kräfte auf die Spitze, zudem lässt sich das Gerät bei Ausfall der Motoren auch mit abgewinkelter Spitze problemlos aus dem Operationsbereich entfernen.

5.4 Vollintegrierter Aufbau mit Videomodul

Im dritten Aufbau erfolgte die Integration aller nötigen Komponenten für ein funktionsfähiges Endoskop mit flexibler Spitze. Zusätzlich zur Motorisierung der Spitzenbewegung wurde der neue Aufbau um ein Videomodul zur Bildübertragung und ein Lichtfaserbündel zur Beleuchtung erweitert. Die Steuerung der Spitze erfolgt nicht mehr extern, sondern ist, wie in der Abbildung 5-11 dargestellt, am Handgriff möglich.

Abbildung 5-11 Dritter Aufbau mit Joystick zur Spitzensteuerung im Handgriff

Die Abbildung 5-11 zeigt eine CAD-Schnittansicht des neuen Handgriffs. In den Handgriff ist ein digitaler Joystick integriert (1) mit dem sich die Endoskopspitze vom Benutzer verstellen lässt. Die Stellung des Joysticks wird dazu von einem Mikroprozessor der Atmel Mega8-Familie auf der Platine (2) ausgelesen. Anschließend generiert der Mikroprozessor ein Steuersignal für die Motorsteuerungsplatinen (4). Diese steuern die Motoren mit den angekoppelten Getrieben an.

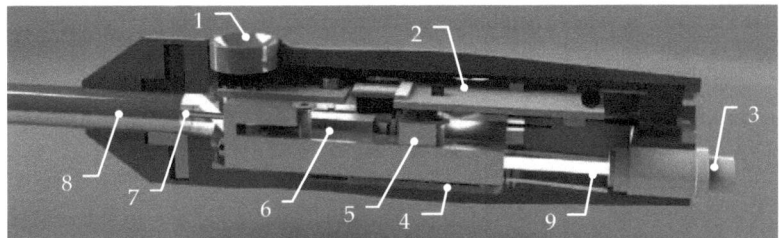

Abbildung 5-12 CAD-Schnittansicht des Handgriffs vom dritten Aufbaus

Die Motoren befinden sich mit den Getrieben in einer Motorhalterung (5). In Richtung der Rotationsachsen sind nachfolgend zwei Spindelantriebe (6) in die Motorhalterung eingelassen, die wiederum die Linearbewegung der Schub- / Zugstangen (7) für die bewegliche Spitze erzeugen. Die Schub- / Zugstangen verlaufen weiter durch den Endoskopschaft (8). Auf der proximalen Seite des Handgriffs sind ein Adapter (3) zur Einkopplung einer Kaltlichtquelle und ein nicht dargestellter Anschluss für die Spannungsversorgung und das Kamerasignalkabel vorgesehen.

Von der Einkopplung für die Kaltlichtquelle führt ein Lichtfaserbündel (9) durch den Handgriff bis zur flexiblen Spitze des Endoskops (vgl. Abbildung 5-13). Im flexiblen Bereich des Schafts ist das Faserbündel in einer elastischen Silikonhülle gefasst.

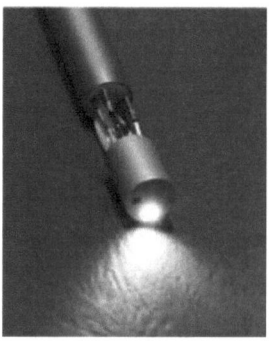

Abbildung 5-13   Detailansicht der Endoskopspitze

Neben dem Lichtleiterbündel und der Gelenkführung ist das Signalkabel für das Videomodul zu erkennen. In der flexiblen Spitze ist ein optisches System mit Fix-Fokus und einem 1/10"-CCD-Chip zur Bildaufnahme aus einem Koloskop der Firma Karl Storz Endoskope eingebaut. Das optische System (vgl. Abbildung 5-14) wird verwendet, da es sehr kompakt aufgebaut ist. Die Länge der flexiblen Spitze ist im Wesentlichen durch die Baugröße des Systems festgelegt. Die Abmessungen der Kameraeinheit betragen lediglich 10 x 2,5 x 2,5 mm.

Abbildung 5-14   Optisches System aus dem dritten Aufbau

Die Gelenke der Führung sind wie im ersten Funktionsmuster aus NiTi-Drähten aufgebaut, die in Rohren aus V2A gefasst sind.

Durch die Integration der Motorsteuerung und die Durchleitung von Videosignalkabel und Lichtleiterbündel ist der Bauraum im Handgriff gegenüber dem vorigen Aufbau stark reduziert. Die Spindelantriebe und Motorhalterungen sind daher nicht direkt in das Griffmaterial eingearbeitet, sondern als mehrteilige Baugruppe in den Griff eingesetzt. Die Baugruppe ist so ausgeführt, dass ein nachträgliches Justieren der Komponenten zueinander und relativ zum Griff möglich ist.

Das Labormuster (vgl. Abbildung 5-15) lässt sich problemlos in das, im Kapitel 1 beschriebene Haltearmsystem integrieren. Der Gesamtaufbau konnte in mehreren Versuchen erfolgreich getestet werden und wurde auf der MEDICA 2010 in Düsseldorf auf dem Stand des Fachgebiets Mikrotechnik ausgestellt.

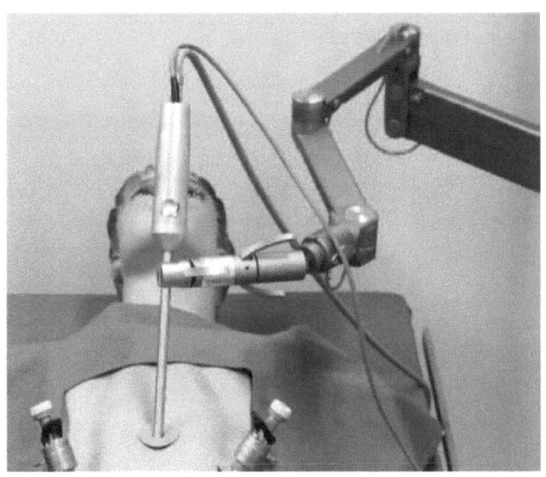

Abbildung 5-15 Endoskopmuster mit beweglicher Spitze, eingesetzt in den Gesamtaufbau

Die entwickelte Ansteuerungselektronik ermöglicht die Steuerung der Spitze durch den Anwender über den Joystick im Handgriff. Für den geplanten Einsatz im Gesamtsystem mit der Halterung ist zusätzlich die Messung der aktuellen Auslenkung der Endoskopspitze notwendig. Es sollen optional Informationen für den Anwender auf das Videobild der Operation eingeblendet werden. Diese Augmented-Reality genannte Darstellung von Zusatzinformationen ermöglicht beispielsweise die Überlagerung von präoperativ gewonnenen, diagnostischen Informationen wie MRT-Daten oder das Einblenden von zeitweise nicht im Videobild sichtbaren Instrumenten [Ball07].

Zum Verfahren der Spindeltriebe wurden im Labormuster elektronisch kommutierte, sensorlose, dreiphasige Motoren der Firma Namiki eingebaut. Bauartbedingt ist es bei diesem Motortyp nur eingeschränkt möglich, eine Aussage über den aktuellen Drehwinkel zu treffen. Das Auslesen des Winkels erfolgt durch die Auswertung der Induktion in der jeweils nicht aktiven Spule. Bei geringer Drehzahl, also vor allem beim Anfahren, ist die Induktion jedoch nicht ausreichend groß, um den Drehwinkel fehlerfrei zu bestimmen.

Um die Gelenkführung nicht zu beschädigen, ist es außerdem nötig, eindeutige Endpositionen für die Motoren festzulegen. Mit den verwendeten Motoren lässt sich dies ohne zusätzliche Endschalter nicht durchführen. Im vierten Aufbau wurde daher eine andere Motorart verwendet, die diesen Ansprüchen gerecht wird.

Ein weiterer Nachteil des dritten Aufbaus sind die gecrimpten Gelenkverbindungen. Die kraftschlüssige Verbindung zwischen den V2A-Hüllrohren und dem Ni-Ti-Draht führt bei den Gelenken immer zu einer geringen Vororientierung abseits der eigenen Rotationsachse. Die Gelenke werden, wie in Kapitel 3.1.2 beschrieben, in einer speziell angepassten Vorrichtung zusammengepresst. Da die Fertigung von Hand erfolgt, sind geringfügige Abweichungen jedoch nicht auszuschließen. In der montierten Führung addieren sich diese Abweichungen und führen zu einer nicht gleichmäßigen Bewegung der Spitze bei der Ansteuerung in verschiedenen Richtungen.

5.5 Aufbau mit externer Ansteuerung

Basierend auf dem vorigen Labormuster wurden im abschließenden Aufbau verschiedene Merkmale optimiert. Im Wesentlichen sind Antriebseinheiten und Gelenkverbindungen eingesetzt, die eine besser reproduzierbare Funktion und eine komfortablere Integration des Endoskops in das Gesamtsystem gewährleisten. Weiterhin wurden die Fertigung und die Montage stark vereinfacht und die Handhabbarkeit besser umgesetzt als im vorigen Aufbau. Die Abbildung 5-16 zeigt die CAD-Schnittansicht vom Handgriff.

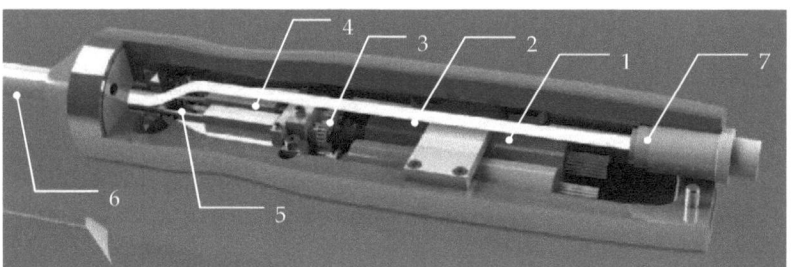

Abbildung 5-16   CAD-Schnittansicht des Griffs vom vierten Aufbau

Für die Integration im Gesamtsystem ist die Bewegungssteuerung der Spitze mit neuartigen Mensch-Maschine-Schnittstellen wie Sprach- oder Blicksteuerung geplant, jedoch nicht von Hand am Endoskop. Die Ansteuerung der Motoren (1) erfolgt deswegen über eine externe Einheit. Diese lässt sich über eine serielle Schnittstelle mit beinahe beliebigen Ansteuerungen verbinden. Ohne Bedieneinheit und Motoransteuerung im Griff steht in diesem viel Bauraum zur Verfügung. Die Lagerung der Antriebsmotoren (1), der Getriebe (2) und der Linearspindeln (4) sind daher in die untere Griffhälfte integriert, um eine weniger toleranzbehaftete Fertigung zu ermöglichen.

Die Antriebsleistung der Motoren aus dem vorigen Labormuster wurde nahe der Belastungsgrenze genutzt. Zur Steigerung der Funktionssicherheit sind demzufolge im vierten Aufbau leistungsstärkere Motoren verbaut. Die Rotation der Motoren wird über eine Stirnradstufe (3) auf die Spindelantriebe übertragen, da die Wellen der Motoren durch die größere Bauform weiter auseinander stehen als die Spindelantriebe. Das Stirnradgetriebe fängt zusätzlich die axiale Last auf, die in den früheren Aufbauten direkt auf die Motorwelle oder auf die Welle der Planetengetriebe vor den Motoren wirkte. Es ist also mit einer deutlichen Erhöhung der Antriebslebensdauer zu rechnen.

In den Handgriff sind bürstenlose DC-Servomotoren der Firma Faulhaber integriert. An den Motoren sind dreistufige Planetengetriebe (2) mit einem Untersetzungsverhältnis von 64 : 1 montiert. Neben der höheren Antriebsleistung bieten die Motoren verschiedene Vorteile gegenüber den bisher eingesetzten. Die elektronische Kommutierung durch eine Ansteuerung der Firma Faulhaber erlaubt das präzise Auslesen der Motorstellung. Diese erfolgt unabhängig von der Drehzahl, da die Motorstellung mit drei Hallsensoren ermittelt wird. Die Kenntnis der Motorstellung erlaubt unter Berücksichtigung des Planetengetriebes und des Spindelantriebs einen Rückschluss auf die Position der Schub- / Zugstangen und so auf die Ausrichtung der Endoskopspitze. Die Kombination von Motor und Ansteuerung lässt sich weiterhin nutzen, um den Strom in den Motorspulen zu überwachen. Dieser steigt bei Belastung an, beispielsweise durch eine Kollision der Spitze.

Die Ansteuerung wurde so programmiert, dass die Motoren beim Einschalten eine Referenzfahrt durchführen. Durch diese bewegen sich die Spindelantriebe bis zu einem mechanischen Anschlag. Beim Erreichen des Anschlags steigt der Spulenstrom rasch an. Oberhalb einer wählbaren Schwelle für den Strom wird der Motor abgeschaltet. Durch das Programm in der Ansteuerung wird an dieser Position der Nullpunkt für den Verfahrweg festgelegt. Anschließend lassen sich die Motoren mit Absolutwerten steuern, weitere Sensoren zur Wegmessung sowie Endanschläge / -schalter sind nicht erforderlich.

Die genaue Kenntnis der Spitzenausrichtung ist aus mehreren Gründen für die Integration im Gesamtsystem erforderlich. Für die Darstellung einer Panoramaansicht des Operationsbereichs soll beispielsweise die Endoskopspitze in definierter Weise im gesamten möglichen Bewegungsbereich verfahren werden. Anschließend wird aus dem aufgezeichneten Videosignal die Panoramaansicht zusammengesetzt und auf einem entsprechend großen Monitor dargestellt (vgl. Abbildung 5-17). Im weiteren Operationsverlauf lässt sich auf dieser Panoramaansicht durch die Kenntnis der Spitzenauslenkung der aktuell erfasste Bildbereich hervorheben.

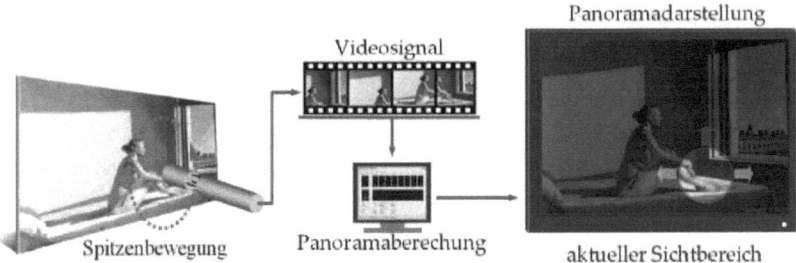

Abbildung 5-17 Ablauf der Panoramaerstellung und Markierung des aktuellen Sichtbereichs

Die genaue Kenntnis der Spitzenauslenkung bietet weiterhin die Möglichkeit, präoperativ gewonnene, diagnostische Informationen in das Videobild an der richtigen Stelle einzublenden. Zusätzlich lassen sich Instrumente, die sich nicht im Sichtbereich der Kamera befinden, in der Panoramaansicht darstellen.

Die Ansteuerung erfolgt über eine serielle Schnittstelle. Für das Labormuster stellt eine Benutzeroberfläche in LabVIEW grundlegende Funktionen zur Spitzensteuerung bereit. Neben der Spitzensteuerung erlaubt das LabVIEW-Programm die Möglichkeit, die Endoskopspitze auf Knopfdruck gerade auszurichten, um beispielsweise das Endoskop aus dem Operationsbereich zu entfernen oder zur Blickorientierung für den Anwender.

Die gecrimpten Gelenkverbindungen der beweglichen Spitze des dritten Aufbaus zeigen fertigungsbedingt ein unzureichend reproduzierbares Verhalten. Im abschließenden Aufbau sind erneut NiTi-Drähte in V2A-Rohren als Gelenke eingesetzt. Die Drähte sind jedoch mit Epoxidharz-Klebstoff in den Rohren fixiert. Die Messergebnisse aus Kapitel 3.2 lassen auf eine ausreichende Festigkeit dieser Verbindung schließen. Zur Montage der Gelenkführung und zum Trocknen der Klebeverbindung werden die einzelnen Segmente in eine Vorrichtung eingespannt, um die exakte Ausrichtung aller Komponenten zueinander sicherzustellen. Die Abbildung 5-18 zeigt das fertige Labormuster. Die Beleuchtung des Operationsbereichs und die Bildübertragung erfolgen wie im vorigen Muster.

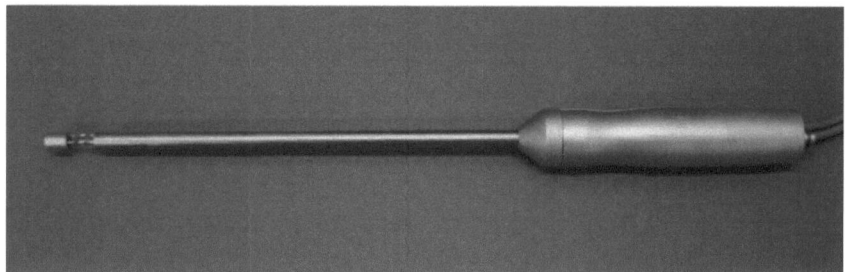

Abbildung 5-18   Vierter Aufbau

Der Handgriff ist bei gleichem Durchmesser etwa 1,3-fach länger ausgeführt als im dritten Labormuster, da dieser von verschiedenen Nutzern als geringfügig zu kurz empfunden wurde. Die größere Bauform und die ausgelagerte Steuerung führen zu einem verhältnismäßig großen, freien Bauraum im Endoskopgriff. Auf Wunsch des Projektpartners Karl Storz Endoskope wird dieser Bauraum frei gehalten, um später ein System zur Oberflächenvermessung zu integrieren.

Die Eigenschaften des vierten Labormusters wurden experimentell in verschiedenen Testständen vermessen. Die Beschreibung der Untersuchungen findet sich im folgenden Kapitel 5.5.1. Weiterhin werden die Ergebnisse verwendet, um den Aufbau mit den analytischen und numerischen Berechnungen aus Kapitel 2 zu vergleichen.

5.5.1   Messtechnische Charakterisierung

Zur Vermessung der wesentlichen Eigenschaften des vierten Laboraufbaus wurden zunächst grundsätzliche Merkmale wie die erreichbare Verfahrgeschwindigkeit, die Auflösung der Ansteuerung und die Wiederholgenauigkeit überprüft. Anschließende Vergleichsmessungen dienten zum Vergleich des Verhaltens im Experiment mit den analytischen und den numerischen Berechnungen (vgl. Kapitel 2). Insgesamt zeigen die Messergebnisse, dass der Laboraufbau den wesentlichen Punkten der im Kapitel 1 gestellten Anforderungen entspricht.

Die Antriebsmotoren ermöglichen zusammen mit der Ansteuerung die Auflösung einer Motorumdrehung in 3.000 Schritte. Die an den Motoren angebrachten, dreistufigen Planetengetriebe erhöhen diese Auflösung durch die Untersetzung von 64 : 1 auf etwa 192.000 Schritte pro Umdrehung. Durch die Spindeln wird die Rotation in die Linearbewegung für die Schub- / Zugstangen übersetzt. Die Spindeln sind jeweils als metrisches M3-Gewinde ausgeführt. Die Steigung des Gewindes beträgt 0,5. Um die Schub- / Zugstangen einen Millimeter zu bewegen, sind folglich zwei Umdrehungen notwendig. Die Wegauflösung beträgt also etwa 384.000 Schritte pro Millimeter. Da die Bewegung der Endoskopspitze nach den Berechnungen aus Kapitel 2.2 nicht linear von der Bewegung der Schub- / Zugstangen abhängt, lässt sich für die Winkelauslenkung lediglich ein Näherungswert zur Auflösung angeben. Dazu wird der in der Abbildung 5-19 dargestellte, annähernd lineare Bereich für das Verhältnis von Weg zu Ablenkwinkel zwischen - 2 und 3,5 mm verwendet.

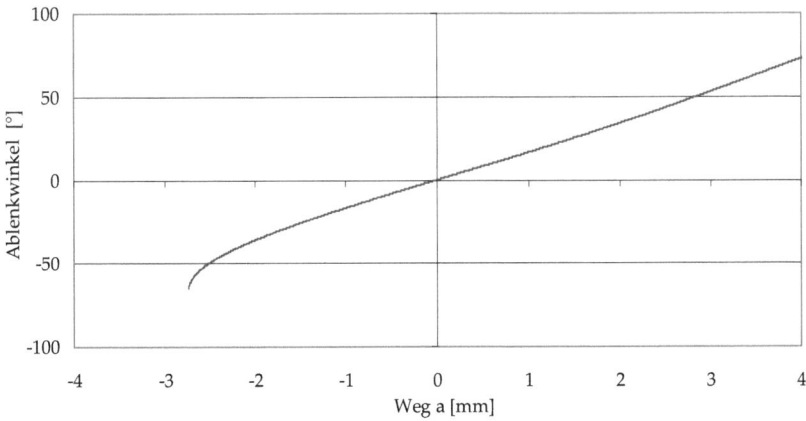

Abbildung 5-19 **Darstellung des analytisch berechneten Verhaltens der Spitze (vgl. Kapitel 2.2.2)**

Für den gewählten Bereich ergibt sich mit der Steigung von 17,3 Grad pro Millimeter eine rechnerische Auflösung von etwa 22.588 Inkrementen pro Grad. Außerhalb des linearen Bereichs sinkt die Auflösung. Sowohl im nichtlinearen, wie auch im linearen Bereich der Spitzenbewegung ist die rechnerische Auflösung der Bewegung für den Anwender mehr als ausreichend. Die hohe Einstellungsgenauigkeit ist weiterhin für die erweiterten Merkmale des Gesamtsystems von großem Vorteil, wie beispielsweise der ortsgebundenen Einblendung von Zusatzinformationen in das Videobild.

Die ersten Messungen dienten der Bestimmung der Ansteuerung und der Wiederholgenauigkeit beim Anfahren von festgelegten Positionen. Insbesondere die Wiederholgenauigkeit ist von hohem Interesse, um einmal zwischengespeicherte Bildausschnitte später per Knopfdruck wieder zu finden. Die Messung des Ablenkwinkels erfolgte durch die Projektion eines Laserstrahls von der Endoskopspitze auf eine gerasterte Messfläche. Die Abbildung 5-20 zeigt den Messaufbau und das Messprinzip. Mit dem bekannten Abstand s lässt sich die Auslenkung über den Tangens ermitteln, gleichzeitig wird die Motorposition mit der Ansteuerungssoftware aufgezeichnet.

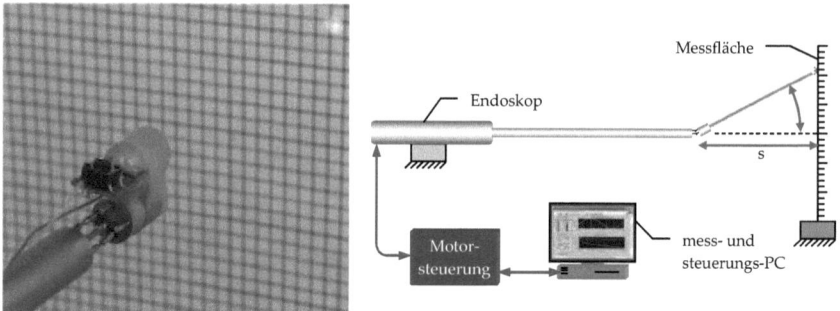

Abbildung 5-20 Aufbau zur Vermessung der Winkelansteuerung

Die Messungen zeigen, dass sich mit einer Abweichung von weniger als 0,5° beliebige Positionen wiederholt anfahren lassen. Die experimentell ermittelte Auflösung der Ansteuerung entspricht mit etwa 22.400 Inkrementen pro Grad sehr genau den berechneten Werten im annähernd linearen Bereich. Die auftauchenden Abweichungen ergeben sich aus Messungenauigkeiten sowie dem Umkehrspiel im Planetengetriebe und in den Linearspindeln. Für den Anwender ist die Genauigkeit hoch genug, da die Abweichung beim Betrachten des Bildausschnitts subjektiv nicht wahrgenommen wird. Auch für die Überlagerung von zusätzlichen Informationen in das aufgezeichnete Videobild ist die Genauigkeit ausreichend, da zusätzlich softwarebasierte Bildvergleichsmessungen eingesetzt werden, um eine Bewegung von Organen auszugleichen.

Mit dem Steuerungsprogramm in LabVIEW ist es möglich, die Motordrehzahl n_m stufenlos zwischen 100 und 8.000 Umdrehungen pro Minute einzustellen. Das Planetengetriebe untersetzt die Drehzahl auf n = 1,56 - 125 Umdrehungen pro Minute. Für die Spindelantriebe mit der Gewindesteigung p = 0,5 mm ergibt dies gemäß:

$$v_s = \frac{p \cdot n}{60} \qquad (5\text{-}1)$$

einen Spindelvorschub v_s zwischen 0,013 und 1,04 mm / s. Die Endoskopspitze lässt sich bei maximaler Geschwindigkeit in 2,5 Sekunden von rechts nach links, beziehungsweise von oben nach unten verfahren. Mit der kleinsten Geschwindigkeit dauert der Wechsel von einer Seite zur anderen Seite etwa vier Minuten. Für den Laboraufbau wird die maximale Geschwindigkeit als ausreichend beurteilt, sie lässt sich bei Bedarf für spätere Untersuchungen weiter erhöhen.

Für die Aufnahme einer Panoramaansicht ist es erforderlich, die Endoskopspitze in einer definierten Bahn zu verfahren. Vereinfacht hat die Bahn die folgende Struktur:

1 = Mittelposition
2 = x-Richtung maximal
3 = y-Richtung maximal
4 = x-Richtung minimal
5 = y-Richtung minimal
6 = x-Richtung maximal
7 = y-Richtung mittig
8 = Mittelposition

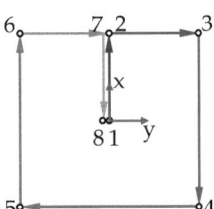

Abbildung 5-21   Bahn der Spitze für die Panoramaansicht

Die Abbildung 5-21 zeigt die Bahn in Blickrichtung der Endoskopspitze. Die Spitze wird von der Mittelposition in einer Richtung maximal ausgelenkt. Anschließend verfährt die Spitze nacheinander in die verschiedenen maximalen Auslenkungspunkte und wieder zurück in die Ausgangsposition. Durch den großen Blickwinkel der Kamera ist die Überlappung der einzelnen Bilder ausreichend, um anschließend eine Panoramaansicht des gesamten sichtbaren Bereichs zu erstellen.

Zu Beginn jeder Operation ist vorgesehen, automatisch eine Panoramaansicht aufzunehmen. Um die Zeitspanne möglichst gering zu halten, in der das Operationsteam auf die Aufzeichnung des Panoramas wartet, sind ein schnelles Verfahren der Spitze wie auch eine zügige, rechnergestützte Generierung der Ansicht erforderlich. Mit der höchsten Geschwindigkeit der Spitze dauert das Abfahren der beschriebenen Bahn weniger als 15 Sekunden. Bisher erfordert die Berechung der Panoramaansicht nach Auskunft des Projektpartners mehr als vier Minuten. Da keine deutliche Reduzierung der Rechenzeit zu erwarten ist, ist eine weitere Erhöhung der Verfahrgeschwindigkeit nicht sinnvoll. Bei doppelter Geschwindigkeit ließe sich die Gesamtdauer zur Panoramaerstellung lediglich um drei Prozent verringern.

Mit dem in der Abbildung 5-20 dargestellten Aufbau erfolgten weiterhin Messungen zum Vergleich der Berechnungen mit dem Laboraufbau. Zunächst wurden die erreichbaren maximalen und minimalen Auslenkungen aus der Rechnung mit denen des Labormusters verglichen. Für die gewählten geometrischen Abmessungen der Gelenkführung ergeben sich analytisch Auslenkwinkel von 36° in positiver und 33° in negativer Richtung. Die Messungen zeigten für die positive Auslenkung im Mittel eine Auslenkung von 31°. In negativer Richtung beträgt die Auslenkung 29°.

Die Abweichungen von den berechneten Werten erklären sich dadurch, dass in der analytischen Lösung von idealen Gelenken ausgegangen wird. Diese führen die Bewegung um einen Punkt aus. Die im Laboraufbau eingesetzten Drahtgelenke weisen diese Eigenschaft nach [Raat06] nicht auf. In der Abbildung 5-22 ist das Verhalten von idealem (1) und realem Gelenk (2) gegenübergestellt.

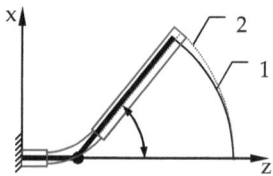

Abbildung 5-22   Vergleich von idealem und realem Gelenkverhalten nach [Raat06]

Bei dem Drahtgelenk ändert sich während der Auslenkung die Lage des Punkts, um den die Drehung erfolgt. Die Spitze des Gelenks bewegt sich daher nicht auf der Kreisbahn um den Drehpunkt eines idealen Gelenks. Da die Abweichungen gering ausfallen, lässt sich die analytische Berechnung weiterhin verwenden, um die maximalen und minimalen Auslenkungen der Endoskopspitze vor der Entwicklung abzuschätzen.

Für den Vergleich mit der numerischen Simulation wurde der Verfahrweg der Spitze aufgezeichnet. Im Versuch verfährt die Spitze mit dem montierten Laser auf der oben beschriebenen Bahn für die Panoramaaufnahme in einem abgedunkelten Raum. Mit einer Langzeitbelichtung erfolgt dabei die Aufnahme des Wegs vom Lichtpunkt auf der Messfläche. Anschließend wurde diese mit den Ergebnissen der Simulation verglichen. Die Abbildung 5-23 zeigt die Überlagerung der Messergebnisse mit denen der Simulation.

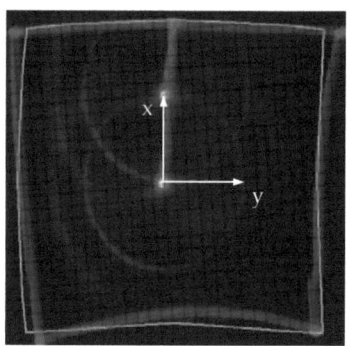

Abbildung 5-23   Ergebnis der Vermessung des Laboraufbaus (rot), überlagert
mit den Werten aus der Simulation (grün)

In der Langzeitbelichtung ist zu erkennen, dass die Auslenkungen der Spitze in positiver x-Richtung für den maximalen und minimalen y-Wert größer sind als die Ergebnisse der Simulation. Weiterhin ist der y-Verlauf für die negativen Auslenkungen in x-Richtung gestaucht.

Die Abweichungen, wie auch die unterschiedlichen positiven und negativen Auslenkungen ergeben sich größtenteils durch das oben beschriebene Verhalten der Gelenke. Bei positiver und negativer Auslenkung ist durch die Belastung auf Zug oder Druck zusätzlich ein geringfügig unterschiedliches Verhalten der Gelenke zu beobachten.

Weiterhin biegen sich die Schub- / Zugstangen im Schaft durch die große Länge etwas durch. Für eine weitere Optimierung bietet es sich an, im Schaft weitere Gleitlager zum Führen der Stangen einzufügen. Dazu sollte zunächst abgeschätzt werden, welchen Einfluss die zusätzliche Reibung in den Gleitlagern hat. Zudem kommt es durch Fertigungs- und Montagetoleranzen zu Abweichungen von den Ergebnissen der Auslegungsrechnungen. Die einzelnen Komponenten der Gelenke wurden bei allen Aufbauten von Hand gefertigt und montiert. Für eine Serienproduktion kann jedoch von einer maschinellen Fertigung und Montage ausgegangen werden, durch welche die beschriebenen Fehler minimiert werden.

Die abweichende Auslenkung in positiver und negativer Richtung aufgrund der Belastung der Gelenke auf Zug oder Druck ist durch eine bessere Fertigung jedoch nicht zu verringern und lässt sich nur durch den Einsatz anderer Gelenktypen beheben.

Nach Aussage der Projektpartner ist es neben der Panoramaaufnahme häufig erforderlich, die Endoskopspitze automatisch kreisförmig zu verfahren, um einen schnellen Überblick über den Operationssitus zu erhalten.

Die Ansteuerung wurde daher erweitert, so dass sich die erforderliche Kreisbahn automatisiert abfahren lässt. Die Motoren steuern in Intervallen Koordinaten auf der Kreisbahn an, die nacheinander entsprechend der Gleichung (5-2) berechnet werden. Eine der Koordinaten wird inkrementell vorgegeben und die andere jeweils berechnet, dabei steht r für den abzufahrenden Kreisradius.

$$x^2 + y^2 = r^2 \qquad (5\text{-}2)$$

Die Positionen der einzelnen Punkte auf der Kreisbahn lassen sich entsprechend den späteren Anforderungen einstellen. Für die in der Abbildung 5-24 dargestellte Kreisbahn liegen die Inkremente auf der y-Achse 0,3° auseinander.

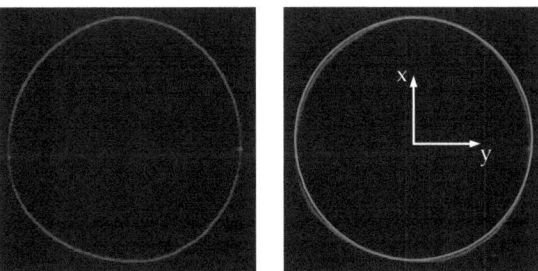

Abbildung 5-24 **Aufnahme der Kreisbahn, links und rechts mit überlagertem Kreis in Grün**

Die Aufnahme erfolgte, wie die oben beschriebene Aufzeichnung des Verfahrwegs, als Langzeitbelichtung. Die anschließende Überlagerung eines grünen Kreises zeigt deutlich, dass die erforderlichen Auslenkungen zum Abfahren der Kreiskoordinaten größtenteils im linearen Verhaltensbereich der Gelenkführung liegen. Es sind nur geringe Abweichungen zwischen den beiden Kreisen zu erkennen. Eine weitere Verbesserung lässt sich aufgrund der hohen Wiederholgenauigkeit erreichen, indem man mit dem Aufbau einzelne Punkte eines Kreises auf dem Schirm anfährt und diese in der gewünschten Auflösung speichert.

Der Vergleich von Rechnung und Experiment zeigt insgesamt, dass sich die Bewegung der Endoskopspitze prinzipiell auslegen lässt, eine hochgenaue Voraussage ist jedoch nicht möglich. Für den weiteren Einsatz ist es daher erforderlich, die Bewegung der Spitze exakt aufzuzeichnen und die gewonnenen Daten mit einem geeigneten Verfahren in die Steuerung zu übertragen. Eine ausreichende Genauigkeit ließe sich beispielsweise erreichen, indem mit der Endoskopkamera eine Aufnahme eines bekannten Testmusters aufgenommen würde. Die aufgenommenen Bilder müssten anschließend in der gewünschten Genauigkeit in einzelne Koordinatenpunkte aufgelöst werden, alle übrigen Punkte sind mittels Interpolation ansteuerbar.

Der erreichbare Sichtbereich setzt sich aus der Bewegung der Endoskopspitze und dem Blickwinkel der Kamera zusammen und beträgt 140° in x- und in y-Richtung. Am Markt erhältliche Endoskope stellen typischerweise die Hälfte dieses Bereichs dar. Einzelne Hersteller bieten Geräte mit Blickwinkeln bis zu 100° an, bei denen jedoch Weitwinkelobjektive eingesetzt werden, die zu einer starken Verzeichnung des Bilds führen.

Der in Kapitel 1 geforderte Sichtbereich von 180° wird mit dem aufgebauten Labormuster nicht erreicht, da die Konfiguration der Gelenkführung für einen Blickwinkel von 150° ausgelegt wurde, um zunächst die Funktion des Gesamtsystems, bestehend aus Endoskop, Motoransteuerung und Software zu überprüfen.

Die Messergebnisse zeigen, dass der Aufbau den wesentlichen Punkten der im Kapitel 1 gestellten Anforderungen genügt. Um den Blickwinkel auf die geforderten 180° zu erweitern, ist für ein weiteres Labormuster eine entsprechende Konfiguration der Gelenkführung zu wählen.

6 Neuartige Haltevorrichtung für Endoskope

Die Vorteile des entwickelten Endoskops mit flexibler Spitze lassen sich erst in Kombination mit einem geeigneten Haltesystem in vollem Umfang nutzen. Hier ist insbesondere die direkte Steuerung der Blickrichtung per Mensch-Maschine-Interface durch den operierenden Arzt zu nennen. Erst durch das Zusammenspiel des Haltesystems mit einer direkten Endoskopsteuerung ist es möglich, auf den Kameraassistenten zu verzichten. Ohne diesen entfallen die in Kapitel 1 genannten Nachteile wie die lange Eingewöhnungszeit und die Tremorbewegungen, die zu einem verwackelten Bild führen. Neben dem sicheren Halt muss die Haltevorrichtung ein einfaches und schnelles Ein- und Ausspannen des Endoskops erlauben, damit eine nachträgliche Positionsänderung problemlos möglich ist.

Zum Halten von Instrumenten sind am Markt eine Reihe kompakter Systeme erhältlich. Die meisten Halterungen weisen unterschiedliche, mechanische Klemmvorrichtungen auf, mittels derer die Geräte gehalten werden.

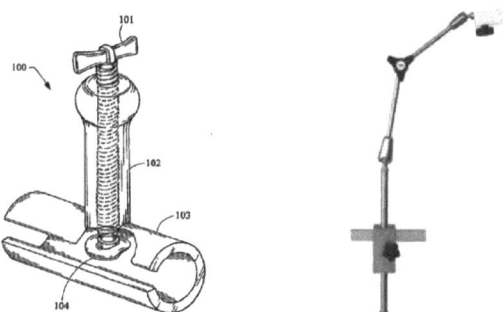

Abbildung 6-1   Instrumentenhaltevorrichtungen [Wall09], links und [Bait09], rechts

Die in der Abbildung 6-1 dargestellten Halterungen fixieren die Instrumente, indem der Schaft mit einem Hebel oder einer Rändelschraube in eine Fuge geklemmt wird. Andere Anbieter vertreiben Halterungen, die zusätzlich eine Feder nutzen, um die Instrumente zu befestigen.

Derartige Halterungen erlauben nur eingeschränkt ein schnelles Ein- und Ausspannen der Geräte. Zur nachträglichen Positionskorrektur ist dies jedoch häufig erforderlich. In den herkömmlichen Halterungen lassen sich Endoskope üblicherweise nur starr am Schaft fixieren. Zudem kann ein unsachgemäßer Gebrauch der Klemmvorrichtung zu Beschädigungen an den eingespannten Endoskopen führen.

Für das in dieser Arbeit beschriebene Endoskop wurde daher eine neuartige Haltevorrichtung entwickelt. Die Haltevorrichtung ermöglicht ein schnelles Ein- und Ausspannen von Instrumenten. Dabei ist die Instrumentenform in bestimmten Grenzen frei wählbar, da die Fixierung in der Halterung nicht nur am Schaft, sondern auch am Handgriff erfolgen kann. Weiterhin ist es möglich, die

Position der Instrumente in der Halterung flexibel zu wählen. Die Abbildung 6-2 zeigt ein erstes Muster der Halterung.

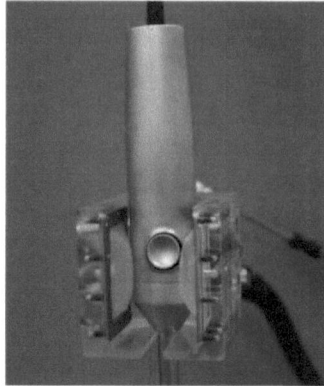

Abbildung 6-2 Labormuster der pneumatischen Endoskopaufnahme

Am Fachgebiet Mikrotechnik der TU Berlin wird ein flexibler Deckenarm für den Einsatz in Operationssälen entwickelt. Die Endoskophaltevorrichtung lässt sich am unteren Ende des Deckenarms montieren. Zusammen mit dem Deckenarm oder einem anderen Tragesystem ermöglicht die Haltevorrichtung die flexible Positionierung des Endoskops im Operationsbereich.

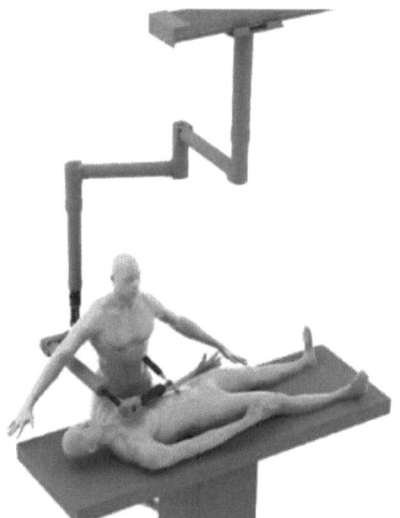

Abbildung 6-3 Deckenhalterung [Endo10]

Die Fixierung des Endoskops in der Halterung erfolgt, indem zwei Kissen aus elastischem Material in einem Grundkörper aufgepumpt werden. Die entstehende Wölbung der Kissen schließt das Instrument zwischen diesen form- und reibschlüssig ein. Für den Einsatz in Operationssälen bietet sich die ohnehin vorhandene Druckluft zum Befüllen der Kissen an. In der Abbildung 6-4 ist der optimierte Aufbau der Halterung als CAD-Modell dargestellt. Dieser verkleinerte Aufbau besteht aus einem Grundkörper, in den sich auf zwei Seiten auswechselbare Module einstecken lassen.

Abbildung 6-4   Optimierte Halterung als CAD-Modell

In den Modulen befindet sich jeweils ein Kissen zum Fixieren der Instrumente. Die Erweiterung der Halterung um die Module erfolgt aus zwei Gründen. Der Grundkörper der Halterung ist sterilisierbar ausgeführt. Es ist daher nicht notwendig, die Halterung, wie sonst üblich, mit einem Schutzüberzug zu versehen. Weiterhin lassen sich die Kissen bei einem Defekt schnell austauschen. Zur Geräuschminimierung ist das Ventil zum Befüllen der Kissen aus der Halterung entfernt worden. Das neue, elektrisch angesteuerte Ventil lässt sich über einen Schalter an der Halterung bedienen.

Insgesamt bietet die Halterung verschiedene Vorteile gegenüber dem Stand der Technik. Besonders hervorzuheben ist neben der großen Flexibilität gegenüber den unterschiedlichen Endoskopbauformen und der geringen Baugröße vor allem die Möglichkeit zum schnellen Ein- und Ausspannen. Zudem bietet die Halterung durch die mechanische Abstützung unter den Kissen eine axiale Sicherung der Instrumente bei Druckabfall. Darüber hinaus ermöglicht die Halterung ein leichtes Bewegen und Kippen des Endoskopschafts, abhängig vom verwendeten Kissenmaterial und dem Druck in den Kissen. Die Halterung wurde 2011 zum Patent angemeldet.

7 Entwicklung eines fokussierbaren Videomoduls

Im dritten und vierten Labormuster sind Videomodule des Projektpartners Karl Storz Endoskope zur Übertragung des Bilds aus dem Operationsbereich integriert. Die Module bestehen aus einem starren optischen System mit einem 1/10"-CCD-Sensor und sind für den Einsatz in Koloskopen vorgesehen. Aufgrund der sehr kurzen Baulänge und der Verfügbarkeit wurden die Labormuster mit diesen Videomodulen ausgestattet. Da die Module eigentlich zur Darmspiegelung verwendet werden, passen die optischen Eigenschaften jedoch nicht optimal zu den Anforderungen für die entwickelten Laparoskope.

Der CCD-Sensor erzeugt ein Bild mit einer Auflösung von 768 x 567 Pixeln. Durch die geringen Abmaße des Sensors sind die einzelnen Pixel sehr klein. Dementsprechend wird die Helligkeit des Bilds von verschiedenen Anwendern als zu dunkel bewertet. Weiterhin erzeugt das optische System eine tonnenförmige Verzeichnung. Durch den starren Aufbau ist es weder möglich, den Zoomfaktor zu verändern, noch die Fokussierung auf verschiedene Abstände anzupassen.

Für die Optimierung der flexiblen Endoskope wird daher ein dem Einsatzzweck angepasstes Videomodul entwickelt. Das Modul ermöglicht die Fokussierung des Bilds für verschiedene Objektabstände und ist für die Integration in das Gesamtsystem mit kleinem Durchmesser und geringer Baulänge ausgelegt. Die Fokussierung verschiedener Objektabstände wird durch die Bewegung einer Linsengruppe des optischen Systems mit einem neuen Linearaktor erreicht. Der Schwerpunkt der Entwicklung des Videomoduls liegt beim Aufbau des neuartigen Linearaktors, der sich unter anderem durch eine vereinfachte Fertigung und Montage auszeichnet. Im Folgenden werden das optische System und der zugehörige Fokusantrieb beschrieben.

7.1 Optisches System

Die Abmaße des optischen Systems legen die minimale Länge des abwinkelbaren Segments fest, da das optische System das längste Bauteil in der flexiblen Spitze ist. Wie in Kapitel 1 beschrieben, lässt sich ein zu langes Segment nicht sinnvoll einsetzen. Bei der Entwicklung der Optik wird daher insbesondere auf eine möglichst kurze Baulänge geachtet.

Mit dem hier entwickelten optischen System lässt sich der scharf dargestellte Objektabstand variieren. Der typische Arbeitsabstand von Endoskopspitze zu Organoberfläche bei laparoskopischen Eingriffen beträgt 30 mm. Während einer Operation wird dieser mehrfach verändert. Insgesamt ist der Arbeitsbereich so groß, dass er mit einer festen Fokussierung nicht ausreichend scharf darstellbar ist. Das optische System ist daher so ausgelegt, dass dieser Bereich in zwei Konfigurationen mit guter Tiefenschärfe dargestellt wird.

Um die Bildhelligkeit zu erhöhen, ist das System an einen Bildaufnehmer mit einer Diagonale von 1/6-Zoll angepasst. Die Auflösung entspricht der des 1/10-Zoll-Bildaufnehmers, die einzelnen Pixel sind jedoch größer, sie haben eine Diagonale von ca. 4,5 µm und damit erheblich lichtempfindlicher. Der Feldwinkel 2 ω beträgt 70°. Die Abbildung 7-1 zeigt den Aufbau des optischen Systems.

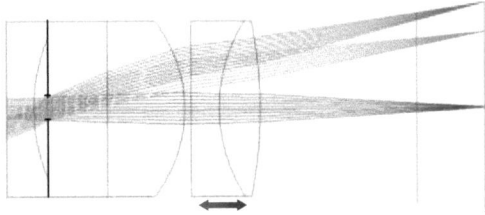

Abbildung 7-1   Aufbau des optischen Systems mit verstellbarer Linsengruppe zur Fokussierung

Hinter einer festen plankonkaven Linse befindet sich die Blende auf einer planparallelen Scheibe, gefolgt von einer festen plankonvexen Linse. Zur Vereinfachung der Montage und zur Reduzierung der Toleranzempfindlichkeit ist diese Linsengruppe fest miteinander verkittet. Es folgt die bewegliche Fokuslinsengruppe, die als Achro-mat ausgeführt ist. Der Bildaufnehmer befindet sich am Ende des optischen Systems in 7 mm Abstand zur ersten Linse.

Das optische System ist auf die zwei Positionen der Fokuslinsengruppe hin optimiert. Die Positionen entsprechen den Brennweiten 14 und 55 mm. In der Abbildung 7-2 sind die beiden Tiefenschärfebereiche skizziert.

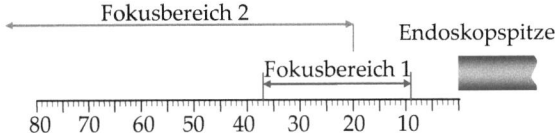

Abbildung 7-2   Darstellung der fokussierbaren Bereiche

In der ersten Fokusposition ist das Bild in einem Abstand von 9 bis 37 mm zur Endoskopspitze scharf. Durch Verschieben der Fokuslinsengruppe um 1,1 mm wird der scharf dargestellte Bereich auf einen Abstand von 20 mm bis Unendlich verändert. Die Bereiche überlappen sich um etwa 20 mm.

In verschiedenen Aufbauten am Fachgebiet Mikrotechnik zeigte sich, dass eine derartige Überlappung vom Benutzer als angenehmer empfunden wird, als kleinere oder größere Überlappungen.

Die Optik liefert nach Ray-Traycing-Rechnungen mit dem Programm ZEMAX eine gute Bildqualität. Bei den Rechnungen wird der tatsächliche Strahlengang durch das optische System bestimmt. Mit einem Spotdiagramm wird die Fokussierung von axialen und außeraxialen Strahlenbündeln für einen Objektabstand dargestellt. Um den Spot ist ein Kreis eingezeichnet, dessen Radius dem des Beugungsscheibchens (Airy-Scheibchen) entspricht. Dieses wird durch Beugung an der Eintrittspupille erzeugt und beschreibt die kleinste Ausdehnung des fokussierten Strahlenbündels. Die Abbildung 7-3 zeigt die Spotdiagramme der beiden Fokusstellungen.

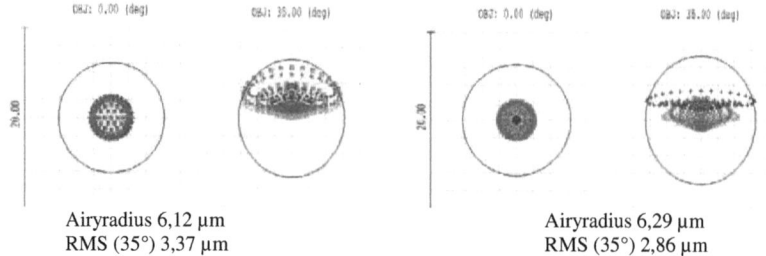

| Airyradius 6,12 µm | Airyradius 6,29 µm |
| RMS (35°) 3,37 µm | RMS (35°) 2,86 µm |

Abbildung 7-3   Spotdiagramme der zwei Fokusstellungen

Auf der linken Seite sind die Spotdiagramme für den ersten Fokusbereich (nah-Einstellung) für axiale Strahlen und Strahlen, die unter 35° einfallen, dargestellt. Die Farben der einzelnen Punkte stehen für verschiedene Wellenlängen, deren Strahlengänge berechnet werden. Auf der rechten Seite finden sich die entsprechenden Diagramme für die zweite Fokuseinstellung. In beiden Fällen ist das quadratische Mittel des Spotradius kleiner als das Beugungsscheibchen. Man spricht in diesem Fall von einem beugungsbegrenzten System, da die entstehenden Abbildungsfehler für beide Fokusstellungen geringer sind als der Fehler durch die Beugung an der Eintrittspupille.

Die Berechnung der Spotdiagramme erfolgt nur für einen festen Objektabstand. Um die Bildschärfe vor und hinter diesem Abstand, d.h. die Schärfentiefe beurteilen zu können, muss die Spotgröße für die gewünschten Abstände berechnet werden.

Die Abbildung 7-4 zeigt die Rechenergebnisse für die Spotgröße als Funktion des Objektabstands in den zwei Fokusstellungen.

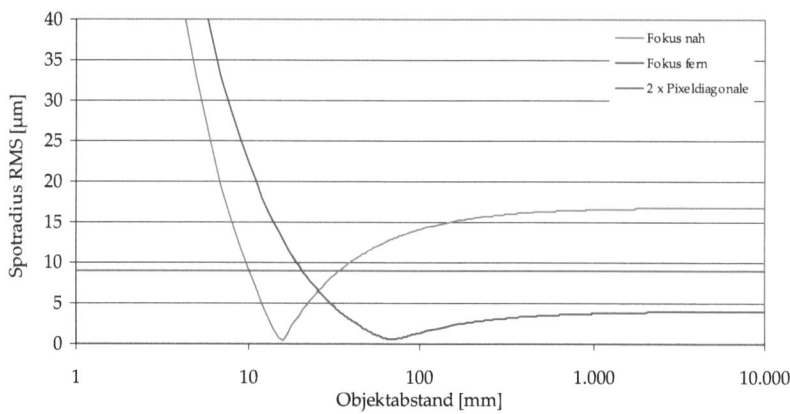

Abbildung 7-4   Spotgröße als Funktion des Objektabstands für die beiden Fokusstellungen

In Abbildung 7-4 sind die Spotgrößen für die zwei Fokusstellungen eingezeichnet. Zusätzlich ist in Grün die doppelte Pixeldiagonale dargestellt. Abbildungen, deren Spots kleiner als dieser Wert sind, werden vom Betrachter als scharf wahrgenommen. Die oben beschriebenen Fokusbereiche ergeben sich aus dieser Berechnung.

Das im dritten und vierten Labormuster eingesetzte optische System erzeugt eine tonnenförmige Verzeichnung. Zur Beurteilung der Verzeichnung des neu entwickelten Systems wird die Übertragung eines Beispielbilds berechnet. In der Abbildung 7-5 sind das Originalbild, das berechnete Bild und eine Aufnahme des Originalbilds mit dem optischen System aus dem vierten Labormuster dargestellt.

Abbildung 7-5 Vergleich des Originalbilds mit dem berechneten Bild für das entwickelte optische System und dem Videomodul aus dem vierten Aufbau

Die berechnete Verzeichnung für das neue optische System fällt sichtbar geringer aus, als die des Systems aus dem vierten Labormuster. Trotzdem ist weiterhin eine tonnenförmige Verzeichnung zu erkennen. Eine Verringerung der Verzeichnung für die weitere Optimierung des optischen Systems ließe sich durch einen symmetrischeren Aufbau des Systems beidseits der Blende erreichen.

Weiterhin ist der Einsatz einer variabel einstellbaren Blende, wie in [Bühs07] vorgeschlagen, zur Verbesserung der Bildqualität denkbar. Eine Verringerung der Blendengröße führt neben dem größeren scharf abgebildeten Bereich gleichzeitig zu einem weniger hellen Bild [Schr90]. Die Helligkeit nimmt quadratisch mit dem Durchmesser der Blende ab. Für eine weitere Optimierung müssen diese beiden Parameter aufeinander abgestimmt werden.

7.2 Linearmotor zur Linsenverstellung

Durch die Verschiebung einer Linsengruppe lässt sich der Schärfebereich des optischen Systems einstellen. Die Bewegung der Linsengruppe erfolgt mit einem neu entwickelten, linearen Direktantrieb. Bedingt durch die Platzverhältnisse in der Endoskopspitze ist die Integration eines Rotationsmotors und des dazugehörigen Getriebes nur schwer zu realisieren.

Durch die Untersuchungen von [Kelp08] und [Voge08] ist ein hoher Erfahrungsstand bezüglich der Entwicklung von elektromagnetischen, linearen Direktantrieben vorhanden. Der ausgezeichneten Funktion der Antriebe aus beiden Arbeiten stehen eine aufwendige Montage und die Notwendigkeit der Fertigung mit engen Toleranzen gegenüber.

Der neu entwickelte Motor ist unter Berücksichtigung der eigentlichen Funktion vor allem hinsichtlich einer vereinfachten Montage, der Reduzierung der Bauteilanzahl und einer toleranzarmen Fertigung ausgelegt. Die charakteristischen Eigenschaften der Antriebe werden experimentell ermittelt. Hierzu zählen die Schaltzeit, das Prellverhalten und vor allem die erreichbare Positioniergenauigkeit.

7.2.1 Antriebskonzept

Der entwickelte Antrieb ermöglicht das Verschieben der Linsengruppe zwischen zwei Stellungen. Die Abbildung 7-6 zeigt einen Schnitt durch den schematischen Aufbau des hohlzylindrischen Aktors.

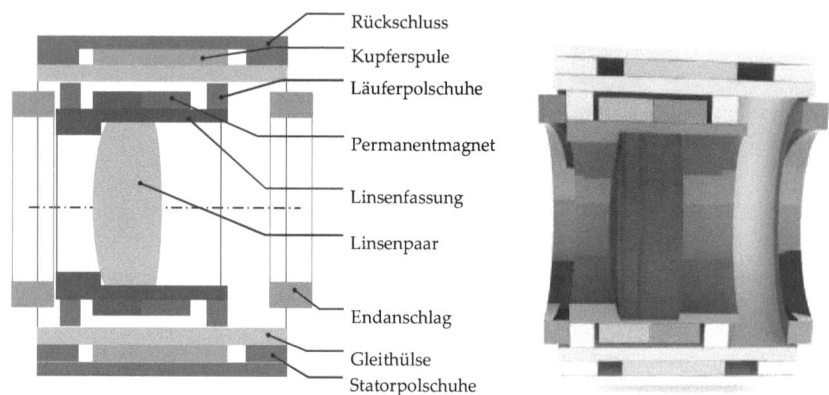

Abbildung 7-6   2D- und 3D-Schnittansicht des entwickelten Aktors in einer stabilen Position

Der als Läufer bezeichnete, bewegliche Teil des Antriebs besteht aus der Linsenfassung, auf der zwei Polschuhe und ein Permanentmagnet fixiert sind. Die Polschuhe sind aus weichmagnetischem Material mit geringem magnetischen Widerstand. Sie führen daher den magnetischen Fluss und dienen gleichzeitig als Gleitlager im Stator des Motors. Der Läufer wird in einer Gleithülse aus nichtmagnetischem Stahl hin und her bewegt. Auf der Außenseite der Gleithülse sind zwei weichmagnetische Polschuhe und zwischen diesen eine Kupferspule montiert. Abschließend ist der Aufbau von einem weichmagnetischen Rückschluss ummantelt. Die aufeinander gleitenden Flächen sind zueinander poliert, um die Reibung zwischen ihnen zu minimieren. Zu den Seiten wird der Weg des Läufers von Anschlägen aus unmagnetischem Material begrenzt.

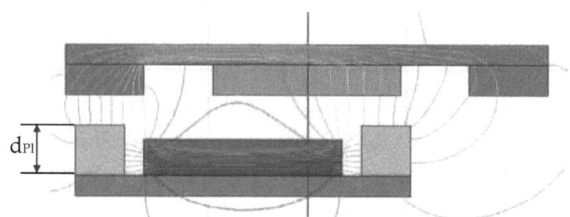

Abbildung 7-7   Verlauf der magnetischen Feldlinien in der linken stabilen Position

Der Läufer wird ohne Ansteuerung stabil in einer der beiden seitlichen Positionen gehalten. Die Abbildung 7-7 zeigt den Verlauf der magnetischen Feldlinien durch den Aktor in einer der stabilen Positionen. Da die Reluktanzkräfte zwischen den äußeren Polschuhpaaren auf einer Seite immer größer sind als auf der anderen, sobald sich der Läufer aus der Mittelposition entfernt, kommt es der in Mittelposition zu einem labilen Gleichgewicht. Die Abbildung 7-8 zeigt den Verlauf der auf den Läufer wirkenden Kraft über dem Verfahrweg für den unbestromten Antrieb. Der Kraftverlauf entstammt einer FE-Rechnung mit der Software MAXWELL.

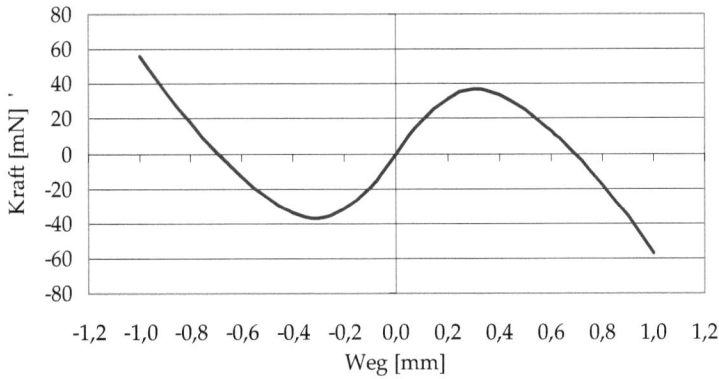

Abbildung 7-8 Kraft, die bei Auslenkung auf den Läufer im unbestromten Aktor wirkt

Wird der Läufer aus den stabilen Positionen bewegt, steigt die rücktreibende Kraft zunächst an und sinkt dann wieder. Die Positioniergenauigkeit wird durch die Steigung der Kraftlinie bestimmt. Für die Auslegung des Antriebs werden die Anschläge auf beiden Seiten des Aktors daher in einem Bereich positioniert, in dem die Kraft-Weg-Kennlinie eine hohe Steigung aufweist.

Zum Wechseln der Läuferposition wird die Spule im Stator mit einem kurzen Stromimpuls angesteuert. Der magnetische Fluss des Permanentmagneten durchsetzt einen Teil der Spule. Auf diesen Spulenteil wirkt die Lorentzkraft F_L. Da die Spule im Aktor ortsfest ist, wirkt eine, der Lorentzkraft entgegen gesetzte Kraft auf den Läufer. Die linke Seite der Abbildung 7-9 zeigt den Verlauf des magnetischen Flusses im Aktor und die resultierende Kraft auf den Läufer.

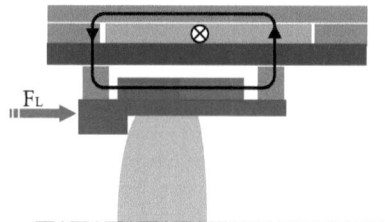 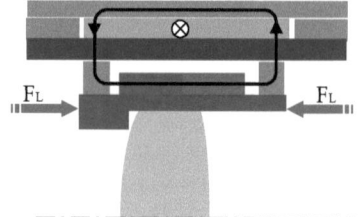

Abbildung 7-9 Verlauf des magnetischen Flusses im Aktor. Links in der stabilen Position, rechts bei zu langer Impulsdauer

Damit sich der Läufer bewegt, muss der Strom in der Spule die richtige Richtung haben. Die Richtung der Bewegung, also auch die abschließende Position, lässt sich daher eindeutig durch die Stromrichtung festlegen.

Der Stromimpuls muss beendet sein, bevor der zweite Polschuh unter die Spule gelangt. Andernfalls entsteht an dieser Stelle eine der antreibenden Lorentzkraft entgegen wirkende Lorentzkraft, da die magnetische Induktion in die andere Richtung verläuft (vgl. Abbildung 7-9, rechts). Der Läufer würde in diesem Fall eine stabile Position in der Mitte des Stators einnehmen. Die durch den Impuls erzeugte Lorentzkraft muss so groß sein, dass sich der Läufer durch seine eigene Trägheit über die Mitte des Aktors hinaus bewegt.

7.2.2 Antriebseigenschaften

Die Abbildung 7-10 zeigt die einzelnen Komponenten und den fertig montierten Aktor. Gegenüber vergleichbaren Linearaktoren [Voge08] und [Kelp08] werden für den Aktor weniger Einzelteile benötigt.

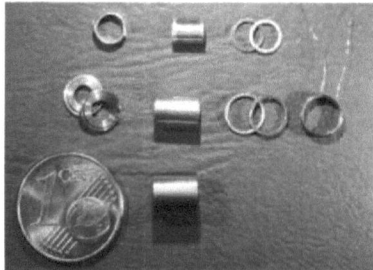 

Abbildung 7-10 Entwickelter Aktor in Einzelteilen und fertig montiert

Für den Aufbau des Aktors werden nur eine Spule und ein Permanentmagnet benötigt. Weiterhin entfallen zwei Bauteile als Gleitlagerung des Läufers, da diese bereits durch die Polschuhe auf dem Läufer integriert sind. Zusätzlich ist es möglich, auf den äußeren Rückschluss zu verzichten. Dieser führt im Aktor den magnetischen Fluss. Es folgt eine Schwächung der Flussdichte im Magnetkreis.

Daraus resultieren geringere Kräfte zum Halten und Bewegen des Antriebs. Messungen zeigen jedoch, dass beide Kräfte immer noch ausreichend groß sind.

Der Verfahrweg des Aktors lässt sich rechnerisch stufenlos zwischen 1,4 mm und 0 mm einstellen, indem die Endanschläge versetzt werden. Die praktische Überprüfung des aufgebauten Aktors zeigt, dass der minimal einstellbare Weg bei 0,46 mm liegt. Bei geringerem Weg ist es nicht mehr möglich, ein reproduzierbares Verhalten des Aktors zu erhalten. Zum Verstellen der Fokuspositionen ist ein Weg von 1,1 mm erforderlich, dieser lässt sich problemlos einstellen.

Der Aktor hat eine Länge von 6,0 mm und einen Durchmesser von 6,4 mm. Der freie Bohrungsdurchmesser beträgt 3,8 mm und die Länge des Läufers 3,4 mm. Durch die geringe Größe lässt sich der Aufbau einfach in das optische System integrieren. In der Abbildung 7-11 ist die CAD-Ansicht eines möglichen Aufbaus für ein auskonstruiertes Videomodul dargestellt.

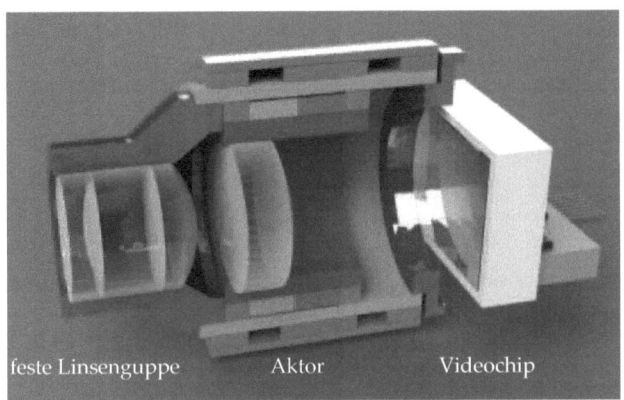

Abbildung 7-11   Videomodul mit integriertem Aktor

Die Steigung des Kraftverlaufs für die stabilen Positionen lässt sich unter anderem durch Variation der Wandstärke d_{PL} (vgl. Abbildung 7-7) der Läuferpolschuhe auf die erforderlichen Werte einstellen. Die Abbildung 7-12 zeigt die Kraftverläufe für verschiedene Wandstärken.

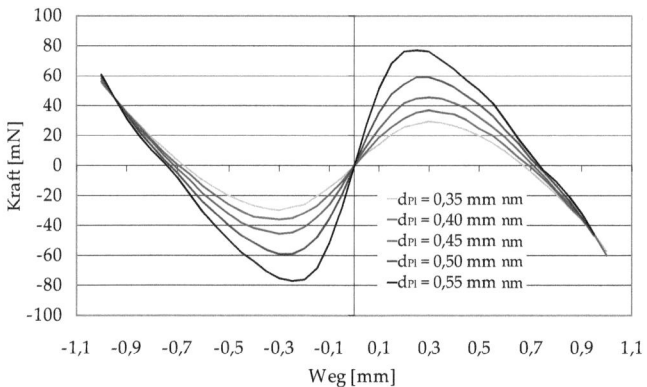

Abbildung 7-12   Kraftverläufe für verschiedene Wandstärken der Polschuhe

Mit steigender Wandstärke wird der Kraftverlauf um die stabilen Positionen steiler, weil die Induktion im magnetischen Kreis durch den reduzierten Luftspalt steigt. Voruntersuchungen zeigen, dass über die Steigung der Kraftverläufe auch das Prellverhalten an den Anschlägen gesteuert werden kann. Ein sehr flacher Verlauf führt durch die geringen Haltekräfte zu verstärktem Prellen an den Anschlägen. Andererseits steigt die erforderliche Lorentzkraft zum Verfahren des Läufers, wenn der Luftspalt kleiner wird. Mit einer Wandstärke $d_{PL} = 0,5$ mm erreicht der Aktor bei geringem Prellverhalten eine ausreichende Stabilität in den Endlagen. Gleichzeitig ist es möglich, eine verhältnismäßig kleine Spule zu verwenden und dadurch den erforderlichen Bauraum für den Aktor gering zu halten.

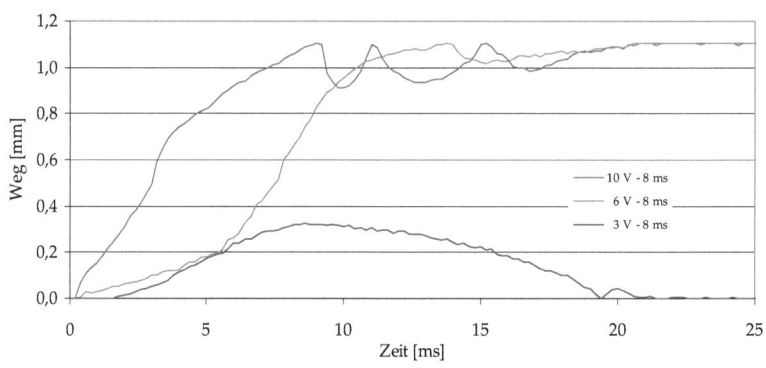

Abbildung 7-13   Prellverhalten des Aktors für verschiedene Ansteuerungsimpulse

Die Abbildung 7-13 zeigt das Verfahrverhalten des Aktors für drei rechteckige Ansteuerungsimpulse mit einer Dauer von 8 ms bei unterschiedlicher Spannung. Die Wegmessung erfolgt mit einem Laser-Triangulationssensor. Wird die Impulsspannung zu gering gewählt, bewegt sich der Läufer nicht über die Mittelposition hinaus. Ist die Spannung des Impulses dagegen zu hoch, kommt es zu einem wiederholten Prellen am Endanschlag. Wird der Impuls zu länger als 12 ms gewählt, lässt sich nicht vorher sagen, in welcher Stellung der Läufer abschließend zum Stehen kommt. Der experimentell ermittelte Ansteuerungsimpuls, bei dem der Aktor sicher verfährt, hat eine Dauer von 7 - 11 ms bei einer Ansteuerspannung von 5 - 9 V. Das geringste Prellverhalten bei sicherem Schalten resultiert aus einer Impulsdauer von 8 ms bei einer Spannung von 6 V. Die Schaltdauer zum Verstellen des Fokusbereichs beträgt dann etwa 20 ms. Dies entspricht einem Siebtel bis Fünfzehntel der Dauer eines Blinzelns und wird daher vom Betrachter voraussichtlich kaum, zumindest aber nicht als störend langsam wahrgenommen.

Das Verhalten des Aktors lässt sich weiterhin durch den Aufbau der Spule beeinflussen. Mit der Windungszahl der Spule steigt die Lorentzkraft zum Verfahren des Antriebs. Die radiale Vergrößerung der Spule durch die zusätzlichen Windungen senkt gleichzeitig die Induktion im Magnetkreis und damit auch die Lorentzkraft, weil die Spule als Luftspalt wirkt. Aus FE-Rechnungen ergibt sich für den Aktor ein optimaler Wert für die Windungszahl von N = 120 bei einem Drahtdurchmesser von 55 µm.

Die Montage des Antriebs ist in mehreren Punkten gegenüber den vorherigen Modellen vereinfacht. Der Ablauf der Montage ist bei den beschriebenen Antrieben ähnlich und läuft grundsätzlich wie in der Abbildung 7-14 dargestellt ab.

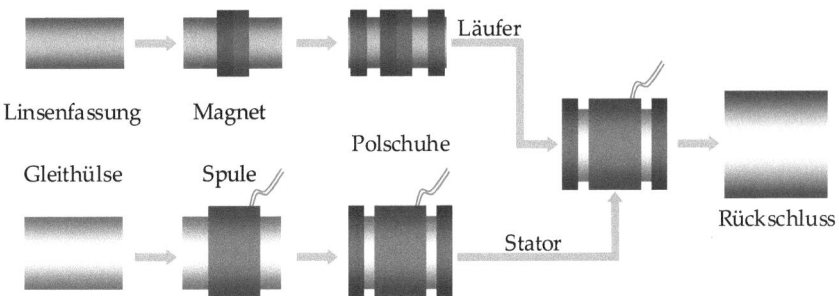

Abbildung 7-14   Montageablauf des elektromagnetischen Linearaktors

Zu Beginn werden ein oder mehrere Permanentmagnete auf der Linsenfassung fixiert. Seitlich folgen anschließend die Läuferpolschuhe und sofern notwendig, zusätzliche Gleitlager. Auf der Stator- / Gleithülse werden eine oder mehrere Spulen und in früheren Aufbauten Abstandshalter aufgeschoben. Im nächsten Schritt werden von beiden Seiten die Statorpolschuhe aufgeklebt. Der Läufer wird in den Stator eingesetzt. Abschließend werden eine Rückschlusshülse aufgeschoben und die Endanschläge aufgesetzt.

Die häufigsten Probleme bereitet bei allen Aktorvarianten der Einbau der Spulen. Die äußerst feinen Anschlussdrähte werden durch einen Schlitz in der Rückschlusshülse aus dem Aktor geführt. Beim Aufschieben der Rückschlusshülse werden die Drähte sehr schnell abgeschert. Vielfach kommt es durch einen ungenügend entgrateten Schlitz in der Rückschlusshülse zu einer Zerstörung der Isolationsschicht. Die Probleme beim Aufschieben der Statorhülse sind als kritisch zu bewerten, da dies der letzte Montageschritt ist, während die Spulenmontage einer der ersten Schritte ist.

Zusätzlich kam es bei den Vorentwicklungen zu Problemen mit der Integration in das Gesamtsystem. Durch den Schlitz in der Rückschlusshülse ist der Querschnitt in Teilbereichen eher oval als rund. Beim Einbau kommt es durch die geringen Abmessungen und hohen Toleranzen im übrigen Endoskopaufbau schnell zu Problemen.

Die Spulen im entwickelten Aktor sind aus den genannten Gründen kleiner ausgeführt als es der Bauraum zulassen würde. Zusätzlich sind in einem der Statorpolschuhe und einem der seitlichen Endanschläge Durchführungen für die Spulendrähte vorgesehen (vgl. Abbildung 7-10).

Durch die Änderungen gelingt die Montage des Aktors problemlos. Die Positionierung der einzelnen Komponenten erfolgt mit einer Montageplatte. In die Platte sind Löcher in verschiedenen Tiefen gefräst. Die Hülsen werden in diese eingesetzt, die jeweiligen Komponenten bis zum Anschlag aufgeschoben und anschließend fixiert. Die Abbildung 7-15 zeigt die Vorgehensweise.

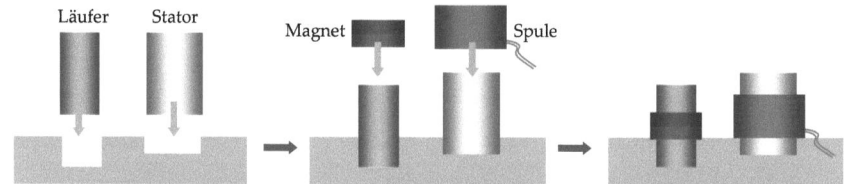

Abbildung 7-15   Vorrichtung zur Positionierung der Einzelteile auf dem Aktor

Die Genauigkeit, mit der die einzelnen Komponenten montiert werden, spielt für die Funktion des Aktors nur eine geringe Rolle. Experimentell lässt sich zeigen, dass lediglich die Position der Endanschläge einen messbaren Einfluss auf den Verfahrweg des Läufers hat. Die übrigen Komponenten können mit axialen Abweichungen von wenigstens ± 0,5 mm montiert werden, ohne die Positioniergenauigkeit des Aktors zu beeinflussen.

Der entwickelte Aktor bietet verschiedene Vorteile. Neben der entscheidend vereinfachten Montage konnte die Anzahl der nötigen Bauteile für den Aufbau eines bistabilen Antriebs gesenkt werden. Ein Teil der Bauteile ließ sich durch das Ausnutzen der Trägheit des Läufers einsparen. Die übrigen Bauteile fallen mit der Integration der Gleitflächen in die Läuferpolschuhe weg.

Der Weg des Aktors lässt sich für einen gegebenen Aufbau durch Verschieben der Endanschläge variieren, wenn dies beispielsweise durch eine Veränderung des optischen Systems erforderlich ist. Die Bewegungsrichtung ist dabei eindeutig durch den Ansteuerungsimpuls festgelegt.

Für einen n-Schritt-Betrieb ist es weiterhin möglich, den Aktor mehrfach hintereinander aufzubauen. Die Abbildung 7-16 zeigt einen Schnitt durch den entsprechenden Aufbau.

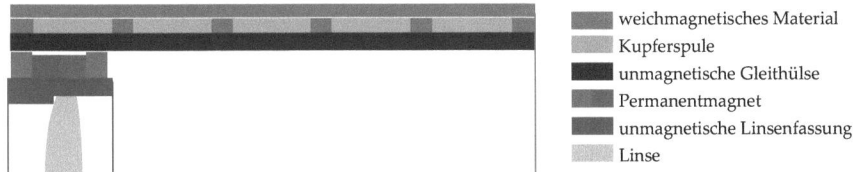

Abbildung 7-16 Aufbau für einen elektromagnetischen Linearmotor, der sich in verschiedene Positionen verfahren lässt

Zum schrittweisen Verfahren des Läufers im dargestellten Aufbau werden die Spulen nacheinander mit jeweils zwei entgegengesetzten Impulsen angesteuert. Die Schrittweiten lassen sich nicht mehr durch mechanische Anschläge einstellen und müssen daher durch die Geometrie der einzelnen Komponenten festgelegt werden.

Der Betrieb eines derartig aufgebauten Aktors erfordert eine Ansteuerung, die den Läufer nach dem Einschalten in eine festgelegte Position fährt. Erst von dieser bekannten Stellung lässt sich der Läufer sicher weiter bewegen.

Zur weiteren Optimierung der Linearantriebe werden im folgenden Kapitel Untersuchungen zu verschiedenen Gleitpaarungen beschrieben.

7.2.3 Gleitverhalten von Oberflächenbeschichtungen

Zur Verbesserung der Positioniergenauigkeit, der Dynamik und der Lebensdauer des entwickelten Aktors, wurden in einem Versuchsstand geeignete Gleitpaarungen untersucht. Die Untersuchungen sollen gleichzeitig als Grundlage für die Optimierung von zukünftig entwickelten Aktoren dienen. Der in der Abbildung 7-17 dargestellte Versuchsstand ermöglicht es, flexibel unterschiedlichste Gleitpaarungen in Einzel- und Dauertests zu vergleichen. Die Proben lassen sich in dem Aufbau bei variablen Normalkräften gegeneinander verschieben. Mit einer DMS-Vollbrücke wird die auftauchende Reibungskraft F_R ermittelt. Die Vollbrücke ist auf einem s-förmigen Biegebalken aufgeklebt, der zwischen der feststehenden Probe und dem Versuchsstand befestigt ist. Zum Verschieben der Proben wird ein Riemenantrieb verwendet. Der zurückgelegte Weg wird aus der Stellung des Antriebsmotors bestimmt.

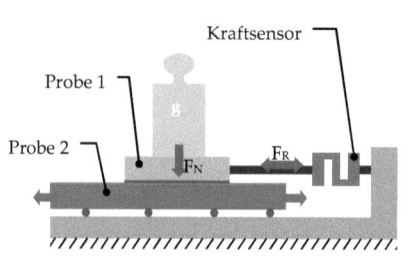 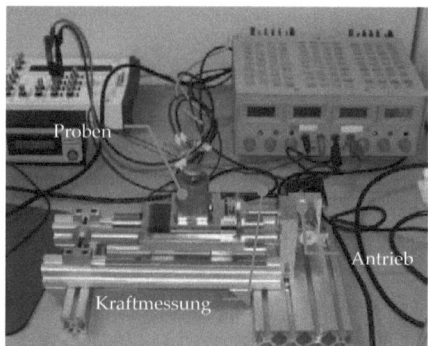

Abbildung 7-17 Prinzipskizze und Foto vom Prüfstand zur Vermessung von Gleitpaarungen

Die Materialauswahl der Proben ist aufgrund der Anforderungen durch den Einsatzzweck eingeschränkt. Neben der medizinischen Zulassung spielen die Anwendungs- und die Prozesstemperaturen eine entscheidende Rolle. Die Sterilisation der Endoskope erfolgt beispielsweise bei 134°C. Weiterhin werden die nötigen Substratvorbereitungen vor der Beschichtung, die Toleranzen der Schichtdicken und die erreichbaren Aspektverhältnisse der Beschichtungen berücksichtigt.

In den Versuchen wurden ein Polymerwerkstoff und zwei Beschichtungen auf verschiedenen Substraten mit unbeschichteten Proben verglichen. Als Polymerwerkstoff wird das als Gleitlager und Halbzeug vertriebene Iglidur J der Firma Igus verwendet. Der Werkstoff ist vor allem für den Trockenlauf geeignet und weist einen sehr geringen Abrieb auf.

Die Substrate aus Messing und S235JR wurden unbeschichtet und beschichtet vermessen. Vor der Beschichtung wurden die Oberflächen der Messingproben mit einer Ultrapräzisionsmaschine bearbeitet, wobei eine mittlere Rauhigkeit von weniger als $\mu = 0{,}1$ μm erreicht wird. Diese Oberflächenbearbeitung ist aufgrund der Kohlenstoffaffinität des Diamantwerkzeugs nicht für Eisenmetalle geeignet. Die Oberflächen aller Stahlproben wurden daher auf eine mittlere Rauhigkeit von $\mu = 0{,}2$ μm geschliffen.

Auf einen Teil der Substrate wurden Schichten aus amorphem Kohlenstoff (Diamond linke Carbon, DLC) oder Wolfram-Disulfid (WS_2) aufgetragen. Bei einer DLC-Beschichtung wird die Schicht in der Regel mittels PECVD-Verfahren (plasmaunterstützte chemische Gasphasenabscheidung) auf ein Substrat aufgebracht. Die Beschichtungen werden in den verschiedensten Varianten von zahlreichen Herstellern angeboten. Der Reibwert wird im Bereich von $\mu = 0{,}05$ bis $\mu = 0{,}1$ angegeben.

Das Beschichten mit Wolfram-Disulfid erfolgte in einem PVD-Prozess (physikalische Gasphasenabscheidung), in dem die Oberfläche des Substrats mit WS_2 beschossen wird. Dabei wird das WS_2 in die Gitterstruktur des Substrats integriert. Es entsteht eine Art Trockenschmierfilm. Vor allem der niedrige Reibwert von $\mu = 0{,}03$ und die sehr dünne Schicht von 5 μm machen diese Beschichtung für die Anwendung sehr interessant.

Andere Beschichtungen wie hochmolekulares Polyethylen, PTFE oder Parylene wurden nicht untersucht, da sie nicht ausreichend temperaturresistent sind, zu hohe Toleranzen in den Schichtdicken aufweisen oder deutlich teurer sind als die ausgewählten Verfahren.

Die Proben werden mit unterschiedlichen Geschwindigkeiten und aufgelegten Lastgewichten gegeneinander verfahren, um die Gleitreibungseigenschaften zu untersuchen. Zusätzlich werden Versuche zur Haftreibung und zum Verschleißverhalten durchgeführt.

Die DLC-beschichteten Proben zeigen in den Untersuchungen die besten Ergebnisse. Es lassen sich die geringsten Koeffizienten für Gleit- und Haftreibung messen. Ähnliche Ergebnisse ergeben sich bei den WS_2-beschichteten Proben auf. Allerdings kommt es bei allen Messungen mit WS_2 zu einem Abrieb der Beschichtung. Neben den sinkenden Reibungskoeffizienten kann es in diesem Fall zu einer Verschmutzung der Linsen im optischen System kommen. Die Gleitreibungskoeffizienten für Iglidur J unterscheiden sich nur unwesentlich von den Werten der unbehandelten Substrate. Die Abbildung 7-18 zeigt einige Gleitreibungskoeffizienten für verschiedene Proben gegenüber den unbehandelten Substraten Stahl auf Stahl und Stahl auf Messing [Hofm10].

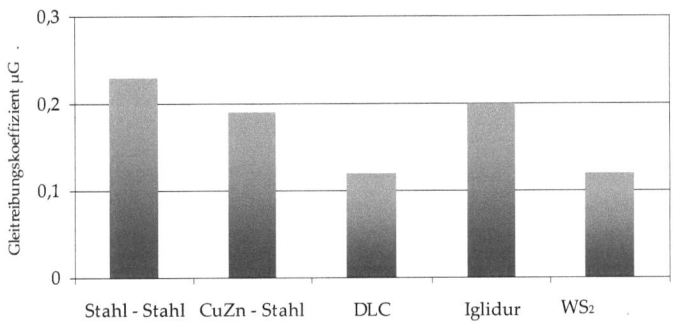

Abbildung 7-18   Ermittelte Gleitreibungskoeffizienten

Die in der Abbildung 7-18 dargestellten Gleitreibungskoeffizienten für DLC, Iglidur und WS_2 sind die Mittelwerte dieser drei Reibpartner für die Messungen mit allen anderen Reibpartnern.

Die aufgenommenen Werte für die Haftreibung zeigen ein ähnliches Bild wie die Gleitreibungswerte. Auch hier zeigen die Beschichtungen mit DLC oder WS_2 die besten Ergebnisse. Insgesamt fallen die Werte, wie zu erwarten, höher aus. Die Werte für Iglidur J liegen sehr nahe an ihren Gleitreibungswerten, was auf einen sehr geringen Stick-Slip-Effekt hinweist. Dieser ist besonders für die Linearmotoren von hohem Interesse, da es im Betrieb zu vielen Start-Stopp-Bewegungen kommt. Die Abbildung 7-19 zeigt die Ergebnisse der Untersuchungen zur Haftreibung.

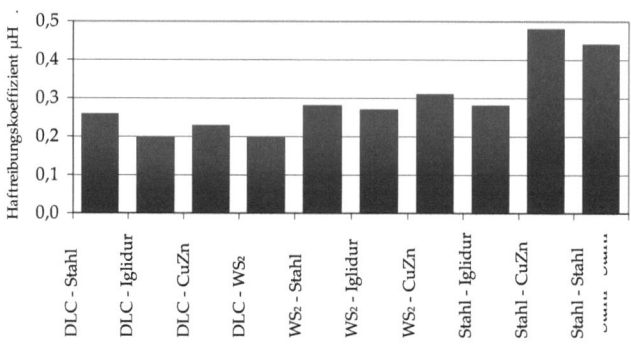

Abbildung 7-19 Experimentell ermittelte Haftreibungswerte bei unterschiedlichen Materialpaarungen

Die Langzeitversuche ergaben für die mit DLC beschichteten Proben nach 50.000 Zyklen einen nur leicht verschlechterten Gleitreibungskoeffizienten. Bei den mit WS_2 beschichteten Proben nimmt dieser um 10 Prozent zu. Es ist jedoch, wie oben beschrieben, ein schmieriger Abrieb zu sehen. Die Paarungen mit Iglidur J zeigen ein überraschendes Ergebnis. Während auf WS_2 der Reibwert nahezu konstant bleibt, verbessert er sich auf DLC um annähernd 13 Prozent. Die Langzeitmessungen von Stahl auf Messing zeigen nur eine geringe Verschlechterung im Prozentbereich.

Trotz der erreichbaren Reduzierung der Reibungskoeffizienten mit den Beschichtungen scheint der Einsatz im entwickelten Linearantrieb nicht sinnvoll. Der Antrieb ist bereits soweit optimiert, dass mit den Beschichtungen nur eine geringe Verbesserung des Aktors zu erwarten ist. Dies steht den steigenden Kosten durch die Vorbehandlung und Beschichtung der entsprechenden Bauteile gegenüber.

Für die Entwicklung zukünftiger Antriebe bleiben die Ergebnisse jedoch von großem Interesse. Insbesondere ist für kontinuierlich verfahrende Aktoren eine Reduzierung des Stick-Slip-Effekts durch den Einsatz von Iglidur J zu untersuchen. Werden die gewonnenen Erkenntnisse bereits beim Auslegen der krafterzeugenden Bauteile berücksichtigt, ist neben einer verbesserten Dynamik auch mit einer Verringerung der Aktordurchmesser zu rechnen. Gerade für die Integration von mehreren optischen Systemen in einem Endoskop, wie beispielsweise beim Aufbau von 3D-Videomodulen, hat dies einen hohen Stellenwert.

8 Zusammenfassung und Ausblick

Die minimal-invasive Chirurgie hat inzwischen sowohl in der Diagnostik als auch in der Therapie große Fortschritte gemacht und in verschiedenen Bereichen konventionelle Behandlungsmethoden bereits verdängt. Neben den wesentlich kleineren Narben und dem reduzierten Risiko von unerwünschten Organverwachsungen sprechen vor allem die kürzeren Krankenhausaufenthalte, die geringeren postoperativen Schmerzen sowie die kürzere Heildauer für die so genannte Schlüssellochtechnik.

Die heute üblichen Arbeitsbedingungen der minimal-invasiven Chirurgie erschweren jedoch die Arbeit für den Operateur auf unterschiedliche Arten. Bedingt durch den Blickwinkel handelsüblicher Endoskope von typischerweise 70° kann der Arzt nur einen eingeschränkten Teil des Operationssitus betrachten. Da die Endoskopkamera während der Operation von einem Assistenten gehalten wird, ist eine äußerst gute Abstimmung mit dem Chirurgen die Grundvoraussetzung für eine effektive Bildsteuerung. Mit der von Hand gehaltenen Kamera ist es jedoch kaum möglich, nach einer Endoskopbewegung den ursprünglichen Bildausschnitt exakt wieder zu finden. Gleichzeitig sind die Überlagerung von präoperativ gewonnenen Daten im Videobild oder die Darstellung des aktuellen Blickwinkels in einer Panoramaansicht technisch nur sehr schwer zu realisieren. Zusätzlich führen Tremorbewegungen des Kameraassistenten schnell zu einer unbefriedigenden Bildstabilität.

Das Ziel dieser Arbeit bestand darin, ein neuartiges Endoskop zu entwickeln, um die genannten Probleme bei minimal-invasiven Eingriffen zu beseitigen. Anhand verschiedener Labormuster erfolgte der abschließende Aufbau eines Endoskops mit flexibler Spitze, das die Bildsteuerung und Bildstabilität deutlich verbessert und gleichzeitig den Sichtbereich für den Chirurgen vergrößert. Die motorisierte Blickwinkelsteuerung des Endoskops erlaubt in Kombination mit einer passenden Halterung das automatisierte Anfahren von definierten Sichtbereichen und das Aufzeichnen von Panoramaansichten, in denen anschließend der aktuelle Blickwinkel hervorgehoben wird. Weiterhin lassen sich Zusatzinformationen ortsgebunden auf das Videobild überlagern. Durch die elektronische Ansteuerung, mit der die Integration verschiedener Mensch-Maschine-Schnittstellen erst möglich ist, wurde zusätzlich die Endoskopsteuerung entscheidend vereinfacht. Diese wird vom Chirurgen einmal eingestellt und muss bei wechselnden Kameraassistenten nicht mehr neu abgestimmt werden.

Die Umsetzung der flexiblen Endoskopspitze erfolgte zunächst anhand der Entwicklung einer geeigneten Gelenkführung. Zur Auslegung der Führung wurde deren Funktion erst analytisch und anschließend numerisch beschrieben. Die folgende systematische Untersuchung führte zu verschiedenen, geeigneten Gelenktypen, von denen zwei allen Belastungsuntersuchungen standhielten. Die erforderliche Bewegung wird durch geführte Stangen übertragen, deren Längsbewegung über motorisierte Spindeln erfolgt. In einem Vergleich möglicher Antriebsarten für die Bewegung der Endoskopspitze konnten schließlich geeignete Motoren gefunden und ausgelegt werden. Ein besonderer Fokus lag bei allen Komponenten auf der Eignung zum Einsatz in medizintechnischen Produkten.

Nach der Betrachtung von Beleuchtungsmöglichkeiten entstanden vier iterativ aufgebaute Labormuster.

Der abschließende Aufbau zeichnet sich neben der Erfüllung der wesentlichen Funktionen insbesondere durch die Einfachheit der einzelnen Komponenten aus. Die problemlose Montage und die toleranzarme Fertigung führen bei einer Serienproduktion voraussichtlich zu einem geringen Herstellungspreis.

Gegenüber allen am Markt erhältlichen Systemen erlaubt das Endoskop die Änderung des Blickwinkels, ohne dabei den Bildhorizont zu verdrehen. Dabei wird eine sehr hohe Genauigkeit beim wiederholten Anfahren von festgelegten Positionen erreicht. Die Steuerung der Spitze mit einem Digitaljoystick von Hand und mit einer einfachen Steuerungssoftware im PC wurde von verschiedenen Anwendern schnell und problemlos erlernt.

Die Messergebnisse der experimentellen Untersuchung des abschließenden Labormusters zeigen Abweichungen zu den analytischen und numerischen Auslegungen der Gelenkführung. Diese sind im Wesentlichen durch die Art der verwendeten Gelenke aus einer Nickel-Titan-Legierung begründet. Für den Einsatz des Endoskops ist es daher notwendig, entweder ein verbessertes numerisches Modell der Gelenke zu entwickeln oder die Bewegungssteuerung mit gemessenen Daten geeignet zu interpolieren.

Zusätzlich zu der eigentlichen Entwicklung erfolgte die Auslegung eines angepassten optischen Moduls. Dieses beinhaltet ein fokussierbares Linsensystem und einen dazu passenden Linearaktor zum Verstellen einzelner Linsen. Der Schwerpunkt dieser Entwicklung lag im Aufbau eines miniaturisierten Aktors mit erheblich vereinfachter Fertigung und Montage. Der Aktor zeichnet sich durch eine einfache Ansteuerung, die geringe Zahl seiner Einzelteile, ein minimales Prellverhalten und eine hohe Wiederholgenauigkeit aus.

Insgesamt ist damit die Neuentwicklung eines Endoskops mit steuerbarer Endoskopspitze gelungen, dessen Zuverlässigkeit und Variabilität im Vergleich zum Stand der Technik nach Aussage der Projektpartner als einzigartig bezeichnet werden darf.

Die anhand der Drehgelenke sehr kompakt und elegant aufgebaute kinematische Lösung erlaubt Variationen, die für weitere Anwendungen in der minimal-invasiven Chirurgie äußerst wertvolle und einfache Bewegungsmöglichkeiten liefert.

9 Anhang

Im Folgenden sind die Berechnungen für die in Kapitel 2.2.2 beschriebenen Varianten der Gelenkführung und die ausführliche Berechnung des Linearaktors aus Kapitel 4.1.4 aufgeführt.

9.1 Analytische Berechnung weiterer Gelenkkonfigurationen

Die Abbildung 9-1 zeigt die beiden Konfigurationen.

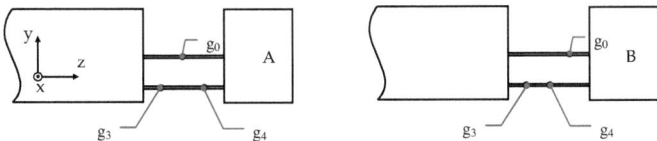

Abbildung 9-1 Flexible Spitze mit unterschiedlichen Gelenkkonfigurationen

In Variante A befindet sich das Gelenk g_0 in z-Richtung zwischen den Gelenken g_3 und g_4. In Variante B sind die Gelenke g_3 und g_4 in z-Richtung hinter dem Gelenk g_0 angeordnet. Zunächst erfolgt die analytische Berechnung des Ablenkwinkels als Funktion des Antriebs für Variante A, anschließend für Variante B.

9.1.1 Berechnung der Konfiguration A

Die Analyse des erreichbaren Ablenkwinkels der flexiblen Spitze erfolgt an einem vereinfachten Modell für die y-z-Ebene (vgl. Abbildung 9-2).

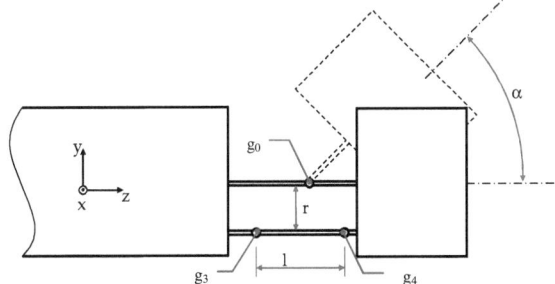

Abbildung 9-2 Modell der Kinematik in der y-z-Ebene

Für die Berechnung von α wird das in blau dargestellten Hilfsdreieck, gebildet aus den Verbindungen der Gelenke g_0, g_3 und g_4 verwendet (vgl. Abbildung 9-3).

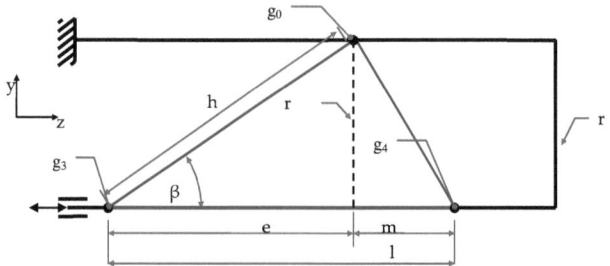

Abbildung 9-3 Vereinfachtes Modell der Kinematik mit Hilfsdreieck

Da die Längen e, l und r gegeben sind, lassen sich die Länge der Hypotenuse h und der Winkel β wie folgt berechnen:

$$h = \sqrt{e^2 + r^2} \tag{9-1}$$

$$\cos(\beta) = \frac{e}{h} \tag{9-2}$$

$$\beta = \operatorname{acos}\left(\frac{e}{h}\right) \tag{9-3}$$

Um die Spitze auszulenken, wird das Gelenk g_3, wie in der Abbildung 9-4 dargestellt, in z-Richtung um a verschoben. Es wird eine Strecke c zwischen g'_3 und h eingeführt, diese steht senkrecht auf h und bildet mit a und b ein rechtwinkliges Dreieck. Die dritte Kante b lässt sich mit β bestimmen.

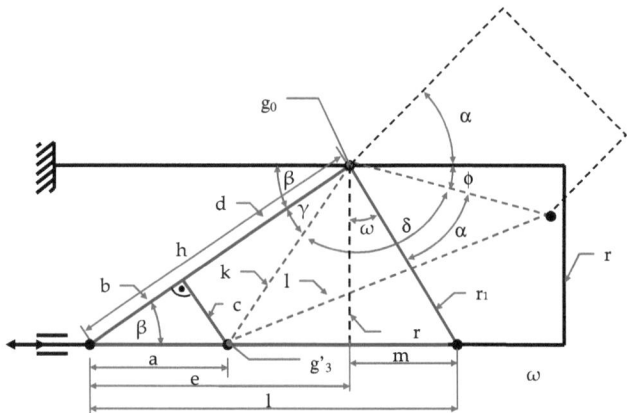

Abbildung 9-4 Darstellung der Geometrie der ausgelenkten Spitze

$$\cos(\beta) = \frac{b}{a} \tag{9-4}$$

Weiterhin folgt aus (9-4) und (9-2):

$$b = a \cdot \frac{e}{h} \tag{9-5}$$

Die Länge des zweiten Teilstücks von h ist:

$$d = h - b \tag{9-6}$$

Mit Kenntnis von a und β ergibt sich c zu:

$$\sin(\beta) = \frac{c}{a} \tag{9-7}$$

$$c = a \cdot \sin(\beta) \tag{9-8}$$

Im nächsten Schritt lässt sich die neue Kantenlänge des Hilfsdreiecks berechnen:

$$k = \sqrt{c^2 + d^2} \tag{9-9}$$

Der Winkel γ zwischen h und k ist:

$$\tan(\gamma) = \frac{c}{d} \tag{9-10}$$

$$\gamma = \operatorname{atan}\left(\frac{c}{d}\right) \tag{9-11}$$

Da m bekannt ist, ergibt sich die dritte Seite des Hilfsdreiecks r_1 aus: K

$$r_1 = \sqrt{r^2 + m^2} \tag{9-12}$$

Der Kosinussatz ergibt für den Winkel δ:

$$l^2 = r_1^2 + k^2 - 2 \cdot r_1 \cdot k \cdot \cos(\delta) \tag{9-13}$$

$$\delta = \operatorname{acos}\left(\frac{r_1^2 + k^2 - l^2}{2 \cdot r_1 \cdot k}\right) \tag{9-14}$$

Der zwischen r und r_1 eingeschlossene Winkel ist im nicht ausgelenkten Zustand definiert durch:

$$\sin(\omega) = \frac{m}{r_1} \tag{9-15}$$

$$\omega = \operatorname{asin}\left(\frac{m}{r_1}\right) \qquad (9\text{-}16)$$

Abschließend lässt sich mit (9-3), (9-11) und (9-14) der Ablenkwinkel α der Spitze berechnen:

$$\phi = 180° - \beta - \gamma - \delta \qquad (9\text{-}17)$$

$$\alpha = 90 - \phi - \omega \qquad (9\text{-}18)$$

9.1.2 Berechnung der Konfiguration B

In der Abbildung 9-5 ist die Gelenkkonfiguration B für die y-z-Ebene dargestellt.

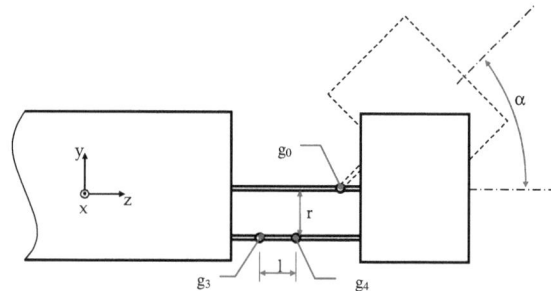

Abbildung 9-5   Modell der Kinematik in der y-z-Ebene

Der Winkel α wird mit dem, in der Abbildung 9-6 blau dargestellten Hilfsdreieck berechnet.

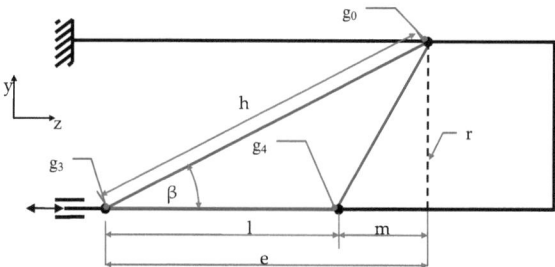

Abbildung 9-6   Vereinfachtes Modell der Konfiguration B

Mit e, l und r lassen sich die Länge der Hypotenuse h und der Winkel β wie folgt berechnen:

$$h = \sqrt{r^2 + e^2} \qquad (9\text{-}19)$$

$$\cos(\beta) = \frac{e}{h} \tag{9-20}$$

$$\beta = \operatorname{acos}\left(\frac{e}{h}\right) \tag{9-21}$$

Das Gelenk g_3 wird, wie in der Abbildung 9-7 dargestellt, in z-Richtung um a verschoben, um die Spitze um α auszulenken. Die zusätzliche Hilfsstrecke c auf g_3' steht senkrecht auf h und bildet mit a und b ein rechtwinkliges Dreieck. Die dritte Kante b lässt sich mit β bestimmen.

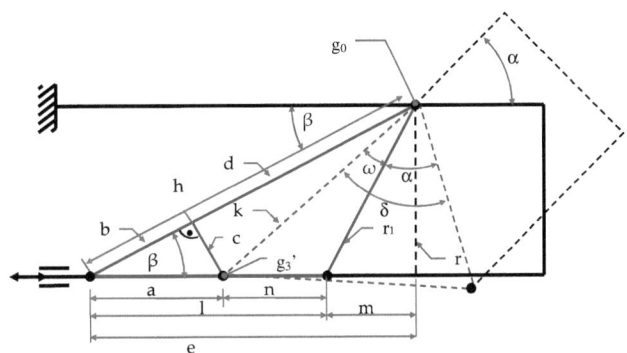

Abbildung 9-7   Darstellung der Geometrie der ausgelenkten Spitze von Konfiguration B

$$\cos(\beta) = \frac{b}{a} \tag{9-22}$$

Weiterhin folgt aus (9-20) und (9-22):

$$b = a \cdot \frac{e}{h} \tag{9-23}$$

Die Länge von d ist:

$$d = h - b \tag{9-24}$$

Mit a und β ergibt sich c zu:

$$\sin(\beta) = \frac{c}{a} \tag{9-25}$$

$$c = a \cdot \sin(\beta) \tag{9-26}$$

Die dritte Kante des Hilfsdreiecks ist bekannt durch:

$$r_1 = \sqrt{m^2 + r^2} \tag{9-27}$$

Die Kantenlänge des verschobenen Hilfsdreiecks ergibt sich aus:

$$k = \sqrt{c^2 + d^2} \tag{9-28}$$

mit:

$$n = l - a \tag{9-29}$$

ergibt der Kosinussatz für den Winkel ω:

$$n^2 = r_1^2 + k^2 - 2 \cdot r_1 \cdot k \cdot \cos(\omega) \tag{9-30}$$

$$\omega = \operatorname{acos}\left(\frac{r_1^2 + k^2 - l^2}{2 \cdot r_1 \cdot k}\right) \tag{9-31}$$

Anschließend wird der Winkel δ mit dem Kosinussatz berechnet:

$$l^2 = r_1^2 + k^2 - 2 \cdot r_1 \cdot k \cdot \cos(\delta) \tag{9-32}$$

$$\delta = \operatorname{acos}\left(\frac{r_1^2 + k^2 - l^2}{2 \cdot r_1 \cdot k}\right) \tag{9-33}$$

Mit (9-31) und (9-33) ergibt sich α:

$$\alpha = \delta - \omega \tag{9-34}$$

9.2 Berechnung des Linearmotors

Die Berechnung erfolgt anhand der Dimensionen aus der Abbildung 9-8.

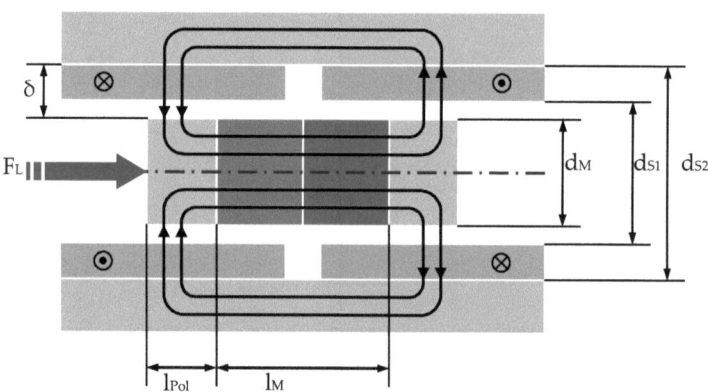

Abbildung 9-8 Aufbau eines einfachen Linearmotors

Die Länge des Leiters, auf den die magnetische Induktion wirkt, lässt sich nach:

$$l = \pi \cdot d_m = \pi \cdot \left(\frac{d_{s2} - d_{s1}}{2} + d_{s1} \right) \qquad (9\text{-}35)$$

in guter Näherung berechnen. Die durchflutete Spulenbreite entspricht der Polschuhbreite l_{Pol}, wenn davon ausgegangen wird, dass der magnetische Fluss ausschließlich radial zu diesen austritt, es also keine Streufelder gibt. Die Windungszahl N ergibt sich aus der Anzahl der Windungen, die in dieser Spulenbreite untergebracht werden. Beim Berechnen der Windungszahl muss berücksichtigt werden, dass sich der Querschnitt des Spulendrahts aus dem Kupferquerschnitt und der Isolationsschicht auf diesem zusammensetzt.

Die Flussdichte B_L, die in der Spule herrscht, lässt sich aus dem Durchflutungssatz herleiten.

$$\oint H \cdot ds = 0 \qquad (9\text{-}36)$$

Wird das Wegintegral in die von der magnetischen Feldstärke durchsetzten Teilwege unterteilt, ergibt sich:

$$H_L \cdot (d_{s2} - d_M) \cdot 2 + H_M \cdot l_M = 0 \qquad (9\text{-}37)$$

Aufgrund der sehr hohen magnetischen Permeabilität wird der Anteil der Feldstärke in allen weichmagnetischen Teilen vernachlässigt. Zusätzlich wird für die weitere Berechnung angenommen, dass die vom magnetischen Fluss durchlaufene Fläche im Spalt wegen dessen geringen Abmaßen konstant ist. Das Wegintegral der magnetischen Feldstärke im Spalt vereinfacht sich dann zu dem Term aus der Formel (9-37).

Der magnetische Fluss φ ist im gesamten magnetischen Kreis konstant. Es folgt also für die magnetische Induktion in Luft und im Permanentmagneten im Verhältnis zu deren Querschnittsflächen A:

$$B_M \cdot A_M = B_L \cdot A_L \qquad (9\text{-}38)$$

$$B_M = B_L \cdot \frac{A_L}{A_M} \qquad (9\text{-}39)$$

Für den Verlauf der Entmagnetisierungskurve von Permanentmagneten gilt im Bereich der Remanenz die Geradengleichung:

$$B_M = B_R + \mu_0 \cdot \mu_M \cdot H_M \qquad (9\text{-}40)$$

B_R ist hier die Remanenzinduktion des Permanentmagneten. Werden jetzt die Gleichungen (9-37) und (9-39) eingesetzt, ergibt sich folgender Term für die magnetische Induktion im Luftspalt:

$$B_L = B_R \cdot \frac{1}{\dfrac{A_L}{A_M} + \dfrac{2 \cdot (d_{s2} - d_M)}{l_M} \cdot \mu_M} \qquad (9\text{-}41)$$

Die magnetische Induktion im Luftspalt steigt also, wie zu erwarten, durch die Reduzierung des Luftspalts und dessen Querschnittsfläche.

10 Symbole

Symbol	Bedeutung	Einheit
A_K	Kolbenfläche	[mm^2]
α_b	Beugungswinkel zwischen Wellen	[°]
α_N	maximaler negativer Biegewinkel	[°]
α_P	maximaler positiver Biegewinkel	[°]
b_i	Freiheitsgrad eines Gelenks	
d_{PL}	Wandstärke der Läuferpolschuhe	[mm]
η_1	Spindelwirkungsgrad	
F_a	Vorschubkraft der Spindeln	[mN]
F_G	Freiheitsgrad der Gelenke	
F_g	Getriebefreiheitsgrad	
F_k	Kolbenkraft	[N]
ϕ	Steigungswinkel der Spindel	[°]
ϕ_1	Drehwinkel der Antriebswelle	[°]
ϕ_n	Bewegungsachsen	
g	Anzahl der Gelenke	
g_n	Gelenk mit der Nummer n	
l	Länge des Schub- / Zugstangenmittelteils	[mm]

Symbol	Bedeutung	Einheit
M_a	Drehmoment am Spindeleingang	[mNm]
M_d	Grenztemperatur zur Bildung von spannungsinduziertem Martensit (NiTi)	[°C]
M_s	Martensit-Start-Temperatur von NiTi	[°C]
μ_G	Gleitreibungskoeffizient	
μ_H	Haftreibungskoeffizient	
n	Anzahl der Getriebeglieder	
n_n	Getriebeglied mit der Nummer n	
N	Windungszahl der Spulen	
ω_1	Winkelgeschwindigkeit der Antriebswelle	[min^{-1}]
ω_2	Winkelgeschwindigkeit der Abtriebswelle	[min^{-1}]
2 ω'	Bildfeldwinkel	[°]
P_h	Gewindesteigung	[mm]
P_{OP}	Druckluftversorgung im OP-Saal	[bar]
r	Abstand der Schub- / Zugstangen	[mm]
ρ'	Gewindegleitreibungswinkel	[°]

11 Literaturverzeichnis

[Alam99] Alamouti, D. et al., Ein prospektiver Vergleich von Octylcyanoacrylat Gewebekleber und konventionellen Wundverschlüssen, Der Hautarzt, Zeitschrift für Dermatologie, Jahrgang 50, Heft 1, S. 58 - 59, Springer Verlag, Berlin, Heidelberg, 1999

[Albe06] Albers, A. et al., Konstruktionselemente des Maschinenbaus 2, Springer Verlag, Berlin, Heidelberg, 2006

[Bait09] Baitella AG, Zürich, Onlinekatalog 2010, http://www.baitella.com, Aufruf 12.03.2010

[Bühs07] Bühs, F., Konzeption und Aufbau einer mehrstufigen Miniaturblende, Diplomarbeit, Technische Universität Berlin, Fachgebiet Mikrotechnik, 2007

[Chun99] Chung, R. S., Rowland, D. Y., Meta-analysis of randomized controlled trials of laparoscopic vs conventional inguinal hernia repairs, Surgical Endoscopy 13, p. 689-694, Springer Verlag, New York, 1999

[Cusc01] Cuschieri, A., Neue Techniken in der laparoskopischen Chirurgie, Der Chirurg, Heft 72, S. 252-260, Springer Verlag, Berlin, Heidelberg, 2001

[Cori11] Corindus CorPath 200 System Produktbeschreibung, Katalog 2011, http://www.corindus.com, Abruf 27.01.2011

[DeTi00] Hinweise zum Schweißen von Titan , Herausgeber Deutsche Titan, Essen, 2000

[DeTi04] Hinweise zum Löten von Titan und Titanlegierungen, Herausgeber Deutsche Titan, Essen, 2004

[Duer96] Duerig, T. W., The Use of Superelasticity in Medicine, METALL, Sonderdruck aus Heft 9/96, S. 569 - 574, Metall Verlag - Hüthig, Heidelberg, 1996

[Elri10] Elring Klinger Kunststofftechnik GmbH, Bietigheim-Bissingen, Fertigungsangebot 2010

[Endo10] Projekt Endoguide, Zwischenbericht, Fachgebiet Mikrotechnik, Technische Universität Berlin, 2010

[Euro10] Datenblatt Superflexible Nitinol-Drähte 2010, EUROFLEX GmbH , Pforzheim, http://www.euroflex-gmbh.de, Abruf 04.03.2010

[Fest10] Festo AG & Co. KG Esslingen (Hrsg.), Fluidic Muscle DMSP / MAS Datenblatt, http://www.festo.com, Version 2010, Abruf 22.04.2010

[Feuß09]   Feußner, H. et al., Endoskopie, minimal-invasive Chirurgie und navigierte Systeme, aus: Medizintechnik, Wintermantel, E. (Hrsg.), Springer Verlag, Berlin, Heidelberg, 2009

[GrLa00]   Grund, K. E., Lange, V., Stellenwert der flexiblen Endoskopie in der Chirurgie, Der Chirurg, Heft 71, S. 1179-1190, Springer Verlag, Berlin, Heidelberg, 2000

[Hage09]   Hagedorn, L. et al., Konstruktive Getriebelehre, 6. bearbeitete Auflage, Springer Verlag, Berlin, Heidelberg, 2009

[Haug06]   Haug, J., Optimierung eines piezoelektrisch erregten linearen Wanderwellenmotors, Dissertation, Institut für Konstruktion und Fertigung in der Feinwerktechnik, Universität Stuttgart, 2006

[Heim97]   Heimberger, R., Abwinkelbares Rohr und Verfahren zu seiner Herstellung, deutsche Offenlegungsschrift DE 19912199B4, http://www.depatisnit.dpma.de, Abruf 12.08.2009

[Herm99]   Hermann, J., Piezoelectric travelling wave motors generating direct linear motion, Veröffentlichungen am IKFF, Stuttgart, 1999

[Hilg03]   Hilger, C., Flexible Endoskope - Belastungsmerkmale und Beanspruchungsparameter, mt-Medizintechnik 123, Nr. 5, TÜV Media GmbH, Köln, 2003

[Hirz09]   Hirzinger, G., Maschinengestütztes Operieren, Mechatronik und Robotik, aus: Medizintechnik, Wintermantel, E. (Hrsg.), 5. Auflage, Springer Verlag, Berlin, Heidelberg, 2009

[HiWo97]   Hirschmann, K., Woernle, C., Getriebetechnik - Warnemünde, Konferenzbeitrag, Institut für Allgemeinen Maschinenbau , Universität Rostock, 1997

[Hofm10]   Hofmann, M., Tribologische Untersuchungen von Reibpartnern und Gleitschichten für den Aufbau von Endoskop-Zoomobjektiven, Diplomarbeit, Technische Universität Berlin, Fachgebiet Mikrotechnik, 2010

[Hoso07]   Hosoi, M. et al., Flexibles Rohr für ein Endoskop, deutsche Offenlegungsschrift DE 102007001580A1, http://www.depatisnit.dpma.de, Abruf 17.08.2009

[JeBa95]   Jendritza, D. J., Bartz, W. J. (Hrsg.), Technischer Einsatz neuer Aktoren. Expert Verlag, Renningen, 1995

[Kelp08] Kelp, M., Linearantrieb für die Zoomfunktion miniaturisierter Videokameras an der Endoskopspitze, Diplomarbeit, Technische Universität Berlin, Fachgebiet Mikrotechnik, 2008

[Kend08] Kendoh, N. et al., Medical device, United States Patent US 20080255422A1, http://www.depatisnit.dpma.de, Abruf 19.09.2009

[Kiel07] Kiel, E. (Hrsg.), Mechatronische Antriebslösungen, aus: Antriebslösungen, Mechatronik für Produktion und Logistik, Springer Verlag, Berlin, Heidelberg, 2007

[Kili05] Kilian, A., Konzepte zur Entwicklung einer neuen Generation medizinischer Endoskope, Dissertation, Fachgebiet Mikrotechnik, Technische Universität Berlin, 2005

[KSEn10] Angaben des Projektpartners Karl Storz Endoskope, Gesprächsnotizen 2010

[Kuka10] Kuka Roboter GmbH Augsburg, Produktkatalog 2010, http://www.kuka-robotics.com, Abruf 19.05.2010

[Lacy95] Lacy, A, Garcia-Valdecasas, J., Castells, A., et al., Short outcome analysis of randomized study comparing laparoscopic vs open colectomy for cancer, Surgical Endoscopy 9, p. 1101 – 1105, Springer Verlag, New York, 1995

[Madj05] Majdani, A., Untersuchung der mechanischen Eigenschaften lasergeschweißter Nickel-Titan-Drähte, Abteilung für Kieferorthopädie und Orthodontie des Zentrums für Zahnmedizin der Medizinischen Fakultät, Charité - Universitätsmedizin Berlin, 2005

[Muhs07] Muhs, D. et al., Roloff / Matek Maschinenelemente, 18. vollständig überarbeitete Auflage, Friedrich Vieweg Verlag, Wiesbaden, 2007

[Muso05] Musolff, A., Experimentelle Untersuchungen und Aufbau von adaptiven Strukturen, Dissertation, Fakultät III - Prozesswissenschaften, Technische Universität Berlin, 2005

[Neug06] Neugebauer, R., (Hrsg.), Parallelkinematische Maschinen, Entwurf, Konstruktion, Anwendung, Springer Verlag, Berlin, Heidelberg, 2006

[NewS10] New Scale Technologies Inc., New York (Hrsg.), SQ-100 Series Motors, http://www.newscaletech.com, Version 2010, Abruf 06.02.2010

[Norm03] Normenausschuss Maschinenbau, Deutsche Norm 808 Wellengelenke, DIN Deutsches Institut für Normung e. V, Entwurf von 2003

[Ohar06] Ohara, K. et al, Verfahren zum Herstellen eines flexiblen Rohrs für ein Endoskop, deutsche Patentschrift DE 19912199B4, http://www.depatisnit.dpma.de, Abruf 01.09.2009

[Olym10] Olympus Produktkatalog 2010, http://www.olympus-europa.com, Abruf 04.07.2010

[Phys10] Physik Instrumente (PI) GmbH & Co. KG, Karlsruhe, Palmbach, Produktkatalog 2010, http://www.pi-medical.de, Abruf 19.05.2010

[Piez10] Pickelmann, L. (Hrsg.), Piezomechanik, Einstieg in die Piezoaktorik, München, 2010

[Piez10] PiezoMotor Uppsala AB (Hrsg.), Piezo LEGS® Linear Twin 20 N, http://www.piezomotor.se, Version 2010, Abruf 04.03.2010

[Ptfe10] PTFE Nünchritz GmbH & Co. KG, Glaubitz, Fertigungsangebot 2010

[Raat06] Raatz, A., Stoffschlüssige Gelenke aus pseudo-elastischen Formgedächtnislegierungen in Parallelrobotern, Dissertation, Institut für Werkzeugmaschinen und Fertigungstechnik, Technische Universität Braunschweig, 2006

[Rege04] Regenfuß, P. et. al., Mikrobauteile durch Lasersintern im Vakuum, Laserinstitut Mittelsachsen e.V., Hochschule Mittweida, 2004

[Schl99] Schich, G., Endoskop mit Drehblickoptik, deutsche Patentschrift DE 29907430U1, http://www.depatisnit.dpma.de, Abruf 11.08.2009

[Schr10] Schramm, D., Modellbildung und Simulation der Dynamik von Kraftfahrzeugen, Springer Verlag, Berlin, Heidelberg, 2010

[Schr90] Schröder, G., Technische Optik, Vogel Buchverlag, Würzburg, 1990

[Serv10] Servometer PMG, Produktkatalog 2010, 501 Little Falls Road, Cedar Grove NJ 07009, U.S.A., http://www.servometer.com/, Abruf 14.02.2010

[Sope09] Soper, N. J. et al., Mastery of Endoscopic and Laparoscopic Surgery, Lippincott Williams & Wilkins, Philladelphia, USA, 2009

[Stor10] Karl Storz Endoskope, Tuttlingen, Produktkatalog 2010, http://www.karlstorz.com, Abruf 14.05.2010

[Stöc87] Stöckel, D., Formgedächtnis und Pseudoelastizität von NiTi-Legierung-en, Metall Wissenschaft & Technik, 41. Jahrgang, Heft 5, S. 494 – 500, Giesel Verlag, Hannover, 1987

[TiSc01] Tittel, A., Schumpelick, V., Laparoskopische Chirurgie: Erwartungen und Realität, Der Chirurg, Heft 72, S. 227-235, Springer Verlag, Berlin, Heidelberg, 2001

[Wall09] Waller, D. et al., Endoscope rotational and positioning apparatus and method, Canadian Patent Application CA 2651081 A1, http://www.depatisnit.dpma.de, 22.10.2009

[WeBr06]   Weck, M., Brecher, C., Werkzeugmaschinen 3, Mechatronische Systeme, Vorschubantriebe, Prozessdiagnose, 6. neu bearbeitete Auflage, Springer Verlag, Berlin, Heidelberg, 2006

[Wimm08]   Wimmer, V., Flexibler Schaft für ein Endoskop sowie derartiges Endoskop, deutsche Patentschrift DE 102004057481B4, http://www.depatisnit.dpma.de, Abruf 16.08.2009

[Wint98]   Wintermantel, E., Ha, S., Biokompatible Werkstoffe und Bauweisen, Springer Verlag, Berlin, Heidelberg, 1998

[Wolf98]   Wolf, R., Abwinkelbares Rohr, deutsches Gebrauchsmuster DE 29623452U1, http://www.depatisnit.dpma.de, Abruf 14.08.2009

[Voge08]   Vogel, W., Miniaturisierter Linearantrieb für eine Endoskopkamera, Diplomarbeit, Technische Universität Berlin, Fachgebiet Mikrotechnik, 2008

[Volm95]   Volmer, J. (Hrsg.), Getriebetechnik - Grundlagen, 2. Auflage, Verlag Technik, Berlin, München, 1995

[Xion10]   Xion GmbH, Produktkatalog 2010, http://www.xion-medical.com, Abruf 25.05.2010

Die VDM Verlagsservicegesellschaft sucht für wissenschaftliche Verlage abgeschlossene und herausragende

Dissertationen, Habilitationen, Diplomarbeiten, Master Theses, Magisterarbeiten usw.

für die kostenlose Publikation als Fachbuch.

Sie verfügen über eine Arbeit, die hohen inhaltlichen und formalen Ansprüchen genügt, und haben Interesse an einer honorarvergüteten Publikation?

Dann senden Sie bitte erste Informationen über sich und Ihre Arbeit per Email an *info@vdm-vsg.de*.

Sie erhalten kurzfristig unser Feedback!

VDM Verlagsservicegesellschaft mbH
Dudweiler Landstr. 99
D - 66123 Saarbrücken

Telefon +49 681 3720 174
Fax   +49 681 3720 1749

www.vdm-vsg.de

Die VDM Verlagsservicegesellschaft mbH vertritt

Printed by Books on Demand GmbH, Norderstedt / Germany